Latika Pinjarkar
Poorva Agrawal
Gagandeep Kaur

CBIR inovador no registo de marcas comerciais: Conceção e implementação

Latika Pinjarkar
Poorva Agrawal
Gagandeep Kaur

CBIR inovador no registo de marcas comerciais: Conceção e implementação

ScienciaScripts

Imprint
Any brand names and product names mentioned in this book are subject to trademark, brand or patent protection and are trademarks or registered trademarks of their respective holders. The use of brand names, product names, common names, trade names, product descriptions etc. even without a particular marking in this work is in no way to be construed to mean that such names may be regarded as unrestricted in respect of trademark and brand protection legislation and could thus be used by anyone.

Cover image: www.ingimage.com

This book is a translation from the original published under ISBN 978-620-7-65009-5.

Publisher:
Sciencia Scripts
is a trademark of
Dodo Books Indian Ocean Ltd. and OmniScriptum S.R.L publishing group

120 High Road, East Finchley, London, N2 9ED, United Kingdom
Str. Armeneasca 28/1, office 1, Chisinau MD-2012, Republic of Moldova, Europe
Printed at: see last page
ISBN: 978-620-7-70790-4

CBIR inovador no registo de marcas registadas: Conceção e implementação

Autores:

Dr. Latika Pinjarkar
Instituto de Tecnologia Symbiosis Campus de Nagpur, Symbiosis International (Deemed University) Pune

Dr. Poorva Agrawal
Instituto de Tecnologia Symbiosis Campus de Nagpur, Symbiosis International (Deemed University) Pune

Dr. Gagandeep Kaur
Instituto de Tecnologia Symbiosis Campus de Nagpur, Symbiosis International (Deemed University) Pune

ÍNDICE DE CONTEÚDOS

RESUMO

A recuperação de imagens com base no conteúdo (CBIR) é atualmente a base dos sistemas de recuperação de imagens. Para obter resultados de recuperação mais precisos, as abordagens de feedback de relevância (RF) foram integradas no CBIR, tendo em conta as informações de feedback do utilizador.

O reconhecimento e a recuperação de marcas registadas é um componente vital da aplicação da recuperação de imagens com base em conteúdos (CBIR). Trata-se de fazer corresponder a marca registada ou o logótipo de entrada com as imagens de marcas registadas armazenadas na base de dados. Esta aplicação, no âmbito da CBIR, centra-se na otimização da pesquisa através da base de dados, extraindo características mínimas do conjunto de imagens e utilizando o mecanismo de feedback de relevância para identificar as imagens relevantes. Os investigadores que trabalham no domínio da recuperação de imagens de marcas registadas implementaram abordagens como a representação quantizada das regiões do logótipo/marca registada, agrupando as características locais e as características da vizinhança espacial das imagens de marcas registadas numa unidade e aprendendo um modelo estatístico para a distribuição de detecções erradas. Recentemente, a abordagem de aprendizagem profunda também foi utilizada pelos investigadores para a recuperação de imagens de marcas registadas e os resultados obtidos em termos de precisão média foram de 74,4% (Iandola et al.(2015)) e 84,2% (Bao et al. (2016)). Enquanto Iandola et al. (2015) obtiveram uma exatidão de 89,6%.

A redução do fosso semântico, a redução da complexidade do cálculo e, consequentemente, do tempo de execução e a obtenção de uma maior precisão são os principais desafios na conceção e desenvolvimento de um sistema de recuperação de marcas registadas.

Até à data, ninguém abordou estas questões através da integração de abordagens de otimização e/ou agrupamento com o mecanismo de Feedback de Relevância. Também não foi observada a integração da CNN profunda com o Feedback de Relevância para a recuperação de imagens de marcas registadas. Nenhum dos investigadores sugeriu uma nova métrica de semelhança para calcular a semelhança entre a imagem de consulta e as imagens de marca registada da base de dados. Também não foi proposta até à data uma nova técnica de agrupamento no domínio da recuperação de imagens de marcas registadas.

A direção do trabalho proposto tem em conta estes desafios, implementando a recuperação de imagens de marcas registadas através de uma abordagem de feedback de relevância incorporada na aprendizagem automática e na técnica de otimização (Primeiro Módulo de Implementação). A técnica de feedback de relevância (RF) foi utilizada como modelo de base para o reconhecimento de marcas registadas. Os resultados da recuperação do sistema CBIR foram melhorados através da utilização de mecanismos de aprendizagem automática com feedback de relevância para a Aprendizagem a Curto Prazo (STL) e a Aprendizagem a Longo Prazo (LTL). O conjunto de características foi optimizado utilizando a otimização por enxame de partículas (PSO) e o processo de pesquisa foi tornado inteligente através da incorporação do mapa auto-organizável (SOM). Estas técnicas melhoraram o modelo básico, como se pode ver nos resultados.

No módulo seguinte de implementação, as Redes Neuronais Convolucionais (CNNs) profundas foram integradas com o mecanismo de feedback de relevância. As características do conjunto de dados foram optimizadas através da otimização por partículas (PSO), reduzindo o espaço de pesquisa. O modelo CNN foi treinado em representações de características de imagens relevantes e irrelevantes, utilizando a informação de feedback do utilizador para aproximar as imagens relevantes marcadas da consulta. A experimentação demonstrou um desempenho significativo quando avaliada com o conjunto de dados FlickrLogos-27, FlickrLogos-32 e FlickrLogos-32 PLUS. Os resultados da recuperação também foram avaliados após a substituição do mapa auto-organizável (SOM) para agrupamento na fase de pré-processamento pelas redes neurais convolucionais profundas (CNNs).

A análise do desempenho de ambos os módulos de implementação revelou um desempenho significativo em termos de resultados de recuperação

CAPÍTULO 1
INTRODUÇÃO

A recuperação de imagens com base no conteúdo (CBIR) é um domínio em que o problema da recuperação de imagens é resolvido através da aplicação de práticas de visão computacional. O processo de recuperação de imagens é um processo de pesquisa de imagens em grandes conjuntos de dados de imagens para uma finalidade ou aplicação específica. A recuperação de imagens com base no conteúdo (CBIR) é também conhecida como consulta por conteúdo de imagem (QBIC) e recuperação de informação visual com base no conteúdo (CBVIR). A estrutura de um sistema CBIR prototípico é apresentada na Fig. 1.1.

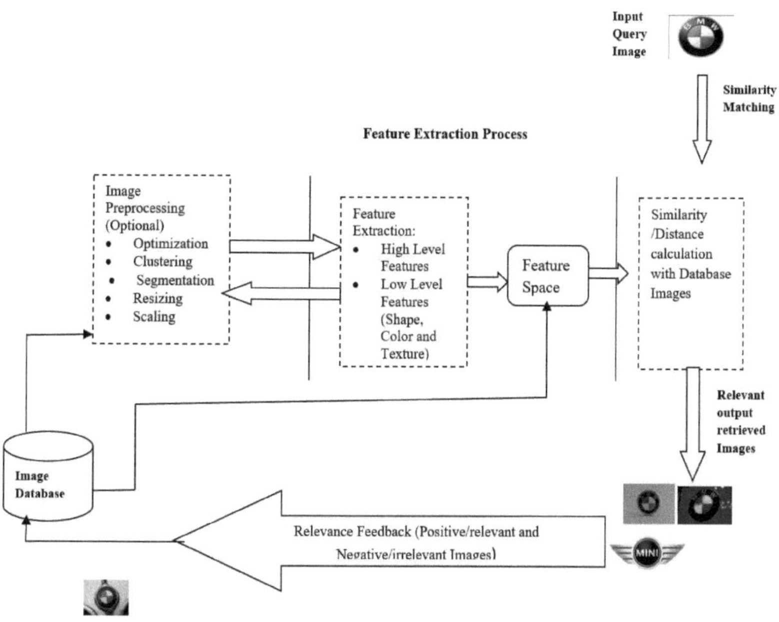

Fig. 1.1: *Um sistema prototípico de recuperação de imagens baseado em conteúdo*

A implementação da estrutura CBIR é um processo de 3 etapas: apresentação da consulta, extração de características e recuperação de imagens relevantes com base na medida de semelhança/distância. O utilizador fornece a consulta sob a forma de uma imagem como um exemplo ou uma figura esboçada à estrutura. O sistema converte a imagem de consulta sob a forma de vectores de características que representam a sua ilustração interna. A extração de características é aplicada à imagem de consulta e também às imagens da base de dados. As técnicas de pré-processamento, como a segmentação, o agrupamento, a otimização, o redimensionamento e a escala, etc., são utilizadas na imagem de consulta ou nas imagens da base de dados antes ou depois do processo de extração de características, de acordo com os requisitos da aplicação. A extração de características envolve a representação da imagem em termos de características visuais. Os conteúdos visuais de uma imagem, como a textura, a cor, a disposição espacial e a forma, são utilizados para a representação e indexação de uma imagem em sistemas CBIR representativos. Os conteúdos visuais das imagens da base de dados são extraídos e representados através de vectores de características multidimensionais que formam a base de dados de características/espaço de características. As imagens relevantes finais são recuperadas pela estrutura após o cálculo da semelhança/distância entre a imagem de consulta de entrada e as imagens da base de dados através de uma métrica de cálculo da distância.

A recuperação de imagens com base no conteúdo é descrita pela capacidade do sistema de recuperar imagens relevantes com base na semelhança do conteúdo semântico e visual das imagens (Gudivada, 2010). O conteúdo semântico é constituído pelos conceitos semânticos de alto nível reconhecidos pelo utilizador. Enquanto o conteúdo visual são as características de baixo nível da imagem captadas pela máquina.

O conteúdo semântico é determinado por procedimentos de inferência complexos com base no conteúdo visual ou por anotação textual.

1.1 DIFERENTES ABORDAGENS PARA A IMPLEMENTAÇÃO DE SISTEMAS CBIR

As abordagens recentes sugeridas pelos vários investigadores para enfrentar os desafios neste domínio são essencialmente categorizadas em quatro áreas, ou seja, o processo de extração de características, o esquema de cálculo da semelhança/distância, o esquema de indexação e o feedback de relevância. Estes quatro domínios são interdependentes entre si.

1.1.1 Abordagem baseada na extração de características

A extração de características é uma parte importante na conceção de qualquer estrutura CBIR. Um bom descritor de conteúdo visual deve ser inalterado em relação às modificações não intencionais iniciadas através do processo de obtenção de imagens (Long et al., 2003). As características visuais são classificadas nas duas categorias seguintes:

1) Características de baixo nível/primitivas

2) Características de alto nível/específicas do domínio

As características de baixo nível/primitivas incorporam a forma, a cor e a textura, enquanto as características de alto nível/específicas do domínio são a caligrafia, as impressões digitais e os rostos humanos; exigem conhecimentos do domínio e dependem da aplicação. A seleção das características depende do tipo de aplicação a conceber. Trabalhos recentes estão a utilizar a combinação de todas estas características, alegando resultados mais precisos. O MPEG-7 e o SIFT são os algoritmos de extração de características padrão utilizados em alguns dos trabalhos. Com base nisto, as quatro subáreas da implementação CBIR são as seguintes

a) CBIR com extração de características de baixo nível

b) CBIR com extração de características de alto nível

c) CBIR com combinação de extração de características

d) CBIR com extração de características através de descritores padrão

1.1.2 Abordagem baseada na correspondência de semelhanças

O quadro CBIR calcula a semelhança visual entre as imagens da base de dados e a imagem de consulta de entrada em vez de encontrar a correspondência exacta da imagem. Com base nesta métrica de semelhança, são recuperadas várias imagens de saída como imagens relevantes. Os investigadores sugeriram e conceberam várias métricas de semelhança para as aplicações de recuperação de imagens, tais como Distância de forma quadrática (QF), distância de forma de Minkowski (distância euclidiana), distância de Mahalanobis, divergência de Kullback-Leibler (KL) e divergência de Jeffrey (JD) (Long at al. 2003)(Mourad Oussalah, 2008).

1.1.3 Abordagem baseada na indexação/classificação

Com base nas características extraídas, a técnica de indexação é utilizada para recuperar eficazmente as imagens de saída a partir das imagens da base de dados. Convencionalmente, a indexação é conseguida através da atribuição de metadados descritivos a cada imagem, tais como códigos de classificação ou palavras-chave e, subsequentemente, utilizando estes metadados no processo de recuperação de imagens. No entanto, esta abordagem convencional tem problemas de subjetividade e complexidade. A pesquisa rápida de imagens através de uma indexação eficiente é uma questão de investigação importante na área da CBIR.

Uma vez que os vectores de características das imagens têm uma dimensionalidade elevada, não são adequados para um esquema de indexação convencional. Assim, a redução da dimensão é utilizada antes da implementação de um mecanismo de indexação adequado. Algumas das técnicas de redução de dimensão mais utilizadas são a transformada de Karhunen-Loeve (KL) (Krzanowski, 1995) e a análise de componentes principais (PCA) (Flickner et al. 1995). A indexação de dados multidimensionais pode ser conseguida através de árvores R, árvores R* (Beckmann et al., 1990), ficheiros de grelha (Nievergelt et al., 1984), árvores lineares quádruplas e árvores K-d-B (Robinson, 1981).

1.1.4 Abordagem baseada no feedback da relevância

A prática do feedback de relevância, inicialmente concebida para a recuperação de documentos durante a década de 1960, foi renovada para a recuperação multimédia baseada em conteúdos, principalmente para a recuperação de imagens baseada em conteúdos (CBIR), numa determinada fase do início e meados da década de 1990. Desde então, esta questão tem merecido grande atenção por parte da sociedade CBIR; várias soluções foram recomendadas no passado e continua a ser um tema de investigação dinâmico nos dias de hoje. A razão é que a interpretação de imagens é mais incerta do que a interpretação de palavras, o que torna a interação do utilizador mais essencial. Além disso, o tempo necessário para avaliar um documento é maior, ao passo que uma imagem revela o seu conteúdo quase imediatamente a um observador humano, o que resulta num processo de feedback mais rápido e mais sensível para o utilizador final (Zhou e Huang, 2003).

O feedback de relevância (RF) administra a recuperação de imagens de saída juntamente com a interação do utilizador, a fim de refinar os resultados da pesquisa através da utilização de um método manual ou automático para obter a preferência das imagens através do utilizador. O feedback de relevância (RF) é uma métrica eficaz para preencher a lacuna semântica, ligando características semânticas de alto nível e características visuais de baixo nível (Long at al. 2003) (Mourad Oussalah, 2008).

O utilizador dá feedback sobre os resultados da recuperação quanto à sua relevância, seja ela relevante ou não relevante, o que se designa por feedback de relevância. No caso de resultados não relevantes, a ronda de feedback é reiterada até o utilizador ficar convencido. A RF é uma prática de aprendizagem supervisionada utilizada para melhorar a eficiência do sistema CBIR. A consulta existente é automaticamente ajustada utilizando o feedback de informação do utilizador. A questão fundamental do feedback de relevância é a forma como esta informação de feedback pode ser efetivamente utilizada para melhorar o desempenho de recuperação do sistema (Xin e Jin, 2004).

A secção seguinte descreve as potenciais áreas de aplicação dos sistemas CBIR.

1.2 ÁREAS DE APLICAÇÃO DA CBIR

1. Antecipação do crime

Os gabinetes de imposição da lei retêm normalmente registos maciços de provas visuais, tais como suspeitos foragidos, fotografias faciais, pegadas e impressões digitais. Quando um crime grave é cometido, podem avaliar a prova da visão do crime pela sua semelhança com as provas nos ficheiros anteriores.

2. Aparelhos militares

Os dispositivos militares baseados em técnicas de imagem são os mais evoluídos, mas estão menos expostos. Vários paradigmas notáveis são o reconhecimento de alvos a partir de imagens de satélite, de aviões inimigos a partir de ecrãs de radar e a estipulação de sistemas de supervisão para mísseis de cruzeiro.

3. Desenho de arquitetura e de engenharia

Os desenhadores de arquitetura e de engenharia podem ter de imaginar projectos para benefício dos clientes e, por vezes, podem ter de trabalhar com restrições financeiras. Para estas restrições, o desenhador deve estar ciente dos desenhos anteriores. Por isso, é importante que o designer seja capaz de pesquisar os desenhos anteriores disponíveis sob a forma de registos que sejam semelhantes ou que satisfaçam alguns critérios do trabalho atual.

4. Moda e design de interiores

O processo de design de moda e de interiores também pode ter algumas semelhanças. A capacidade de pesquisar uma coleção de têxteis para obter uma mistura específica de textura ou cor está a ser gradualmente reconhecida como um auxiliar útil no processo de design.

5. Jornalismo e publicidade

As empresas de fotografia e os jornais conservam registos de imagens fixas para exemplificar a impressão de publicidade ou artigos. Estes registos são extremamente grandes, com milhões de imagens, e a sua conservação é extremamente dispendiosa se for disponibilizada uma indexação completa por palavras-chave. Por conseguinte, é necessária alguma assistência automática neste domínio para a anotação destes registos.

6. Diagnóstico médico

Há uma atenção crescente na utilização de práticas CBIR para auxiliar o diagnóstico através do reconhecimento de casos precedentes relacionados na área médica. As práticas de diagnóstico, como a tomografia computorizada, a histopatologia e a radiologia, têm levado à criação de bases de dados de imagens médicas nos hospitais.

7. Sistemas de informação geográfica (SIG) e teledeteção

Os geógrafos físicos e os agrónomos utilizam amplamente as imagens de satélite, tanto para fins de investigação como para fins práticos, por exemplo, para assinalar as regiões onde as culturas estão contaminadas ou são deficientes em termos de nutrientes ou para avisar os governos dos agricultores que cultivam as terras que lhes foram compensadas por deixarem sem cultivo.

8. Legado cultural

Os centros históricos e as exposições de arte lidam com artigos inatamente visuais. A capacidade de reconhecer as coisas, partilhando uma parte da proximidade visual, pode ser útil tanto para os investigadores que tentam seguir os impactos das crónicas, como para os admiradores de arte que procuram casos de assistência de obras de arte ou figuras que falem ao seu interesse.

9. Formação e educação

É muitas vezes difícil distinguir uma boa matéria de ensino para delinear os focos num discurso ou numa secção de auto-estudo. A acessibilidade de colecções acessíveis de cortes de vídeo que apresentem casos de slides para um discurso sobre o bem-estar nas montanhas, ou de bloqueios de movimento para um percurso sobre o posicionamento urbano, pode diminuir o tempo de planeamento e promover uma melhor qualidade de ensino.

10. Entretenimento doméstico

Grande parte do entretenimento doméstico é baseado em vídeo ou imagem, contendo representações de eventos, gravações caseiras e cenas dos projectos televisivos ou filmes mais apreciados. Este é um dos domínios em que se poderia criar um mercado de massas para a inovação CBIR.

11. Pesquisa na Web

Um número significativo dos campos de aplicação acima referidos é atravessado pelo requisito de uma área bem sucedida de conteúdos e imagens na Web, que se tornou, nos últimos cinco anos, numa fonte básica de entretenimento e informação. Os índices da Web baseados em conteúdos desenvolveram-se rapidamente em termos de exploração desde que a Web cresceu; o problema, em toda a parte, de encontrar imagens na Web prova a necessidade inequívoca de ferramentas de pesquisa de imagens de poder análogo.

12. Propriedade intelectual

Por propriedade intelectual entende-se as concepções do cérebro: inovações; obras ficcionais e criativas; e sinais, símbolos e nomes utilizados nos negócios. A propriedade intelectual é classificada em duas classes:

i) **A propriedade industrial** inclui patentes de inovações, desenhos industriais, marcas registadas e sinais geográficos.

ii) **Os direitos de autor** incluem obras de ficção como poemas, romances e peças de teatro, etc. Filmes, canções, obras criativas como monumentos, esboços, pinturas e desenhos arquitectónicos e fotografias. Os direitos aliados aos direitos de autor incluem os indivíduos que dão espetáculo nos seus espectáculos de palco, os criadores de fonogramas nas suas cassetes e os apresentadores de notícias nos seus programas de televisão e rádio.

1.3 MARCA

Uma marca registada é um sinal caraterístico que reconhece determinados serviços ou bens fornecidos por uma pessoa ou uma empresa. A origem da marca registada é, em tempos idos, a reprodução de artesãos como marcas ou assinaturas nos seus produtos criativos ou obras de natureza prática ou realista. Ao longo do tempo, estas marcas evoluíram para o atual sistema de proteção e registo de marcas. Este sistema ajuda os consumidores a identificar e comprar um serviço ou produto com base na sua qualidade explícita e na sua singularidade, tal como designada pela sua marca exclusiva, para satisfazer as suas necessidades.

1.4 O PAPEL DA MARCA REGISTADA

A garantia de marca registada garante que os proprietários de marcas registadas têm o direito seletivo de as utilizar para diferenciar produtos ou benefícios, ou de conceder a outros a sua utilização como um subproduto da prestação. A garantia da marca registada é legitimamente autorizada pelos tribunais que, em muitos quadros, têm o especialista para impedir a intrusão da marca registada.

Num sentido mais amplo, as marcas registadas promovem a atividade e o empreendimento a nível mundial, compensando os seus proprietários com reconhecimento e benefícios económicos. O seguro de marcas registadas impede igualmente os esforços de pessoas injustificadamente nomeadas, por exemplo, falsificadores que utilizam sinais comparativos inconfundíveis para exibir artigos ou gestão de segunda categoria ou distintos. O quadro autoriza as pessoas com capacidade e empenho a distribuir e apresentar produtos e empreendimentos nas condições mais impressionantes e credíveis, promovendo assim o intercâmbio mundial.

1.5 TIPOS DE MARCAS REGISTADAS

As marcas registadas são uma ou uma mistura de palavras, números e letras. As imagens das marcas registadas consistem em ilustrações ou sinais tridimensionais, por exemplo, o agrupamento e a forma dos produtos. Em alguns países, as marcas não habituais podem ser registadas para reconhecimento de destaques, por exemplo, sombras e sinais não óbvios, como cheiro, som ou sabor, movimento e imagens multidimensionais. Apesar de distinguir a origem comercial dos produtos ou das administrações, existem igualmente outras classificações de marcas registadas. As marcas de coleção são reivindicadas por uma associação cujos indivíduos as utilizam para revelar artigos com um nível de valor preciso e que permitem cumprir os pré-requisitos exactos estabelecidos pela afiliação. Tais afiliações podem ser, por exemplo, especialistas, contabilistas ou planeadores.

Com o rápido aumento da quantidade de imagens de marcas registadas em todo o mundo, a recuperação de imagens de marcas (TIR) surgiu para garantir que as novas marcas não replicam nenhuma das enormes quantidades de imagens de marcas existentes no sistema de registo de marcas. (HungWei et al., 2009) Por conseguinte, o sistema de recuperação de marcas registadas deve ser concebido de modo a garantir esta distinção das imagens de marcas registadas. As marcas registadas são consideradas propriedades intelectuais valiosas. Desempenham um papel muito importante para o sucesso das empresas. As marcas registadas ou os logótipos são também objectos muito notáveis nos aparelhos do mundo do consumo, uma vez que são marcas especialmente concebidas para reconhecer e significar não só a qualidade dos produtos reais, mas também a reputação, os serviços e os produtos da empresa. Com o constante aumento do número de marcas registadas, evitar a conceção de uma nova marca semelhante à marca já existente na base de dados de marcas registadas torna-se um problema vital. Para resolver este problema, é necessário desenvolver um sistema eficiente e automático de recuperação de marcas registadas com base no conteúdo (Iwanaga et al., 2011).

1.6 Descrição do livro

Este livro contém o seguinte:

- O estudo dos sistemas existentes para a recuperação de marcas registadas.
- Conceção de um quadro baseado no feedback de relevância para a recuperação de imagens semelhantes a partir da base de dados de imagens de marcas registadas contra uma determinada consulta.
- Melhoria do desempenho de recuperação do sistema através da redução da complexidade de computação e do tempo de processamento, desenvolvendo assim uma técnica melhorada de feedback de relevância.

Este livro estuda o testemunho de uma nova estrutura para a recuperação de imagens de marcas registadas. A implementação é efectuada nos dois módulos seguintes:

Módulo 1: Implementação do sistema CBIR para imagens de marcas registadas utilizando mecanismos de aprendizagem automática com feedback de relevância para a aprendizagem a curto prazo (STL) e a aprendizagem a longo prazo (LTL) com pré-processamento do conjunto de dados: A técnica de feedback de relevância foi utilizada como modelo de base denominado algoritmo MLRF (Machine learning based relevance feedback) no trabalho proposto. O conjunto de dados foi pré-processado em termos de agrupamento através do mapa auto-organizável (SOM), designado por algoritmo CRF (feedback de relevância baseado em agrupamento). Além disso, a otimização do conjunto de características foi implementada utilizando a otimização por enxame de partículas (PSO) para gerar o modelo integrado OCRF (otimização e agrupamento com base no feedback de relevância). A experimentação foi efectuada utilizando o conjunto de dados FlickrLogos-27, FlickrLogos-32 e FlickrLogos-32 PLUS. O conjunto de dados FlickrLogos-32, disponível ao público, contém algumas imagens sem logótipos. Estas imagens sem logótipos foram removidas e foram adicionadas mais algumas imagens com logótipos ao conjunto, gerando o conjunto de dados FlickrLogos-32 PLUS.

Módulo 2: Implementação de um sistema de recuperação de imagens de marcas registadas através de Redes Neuronais Convolucionais profundas (CNNs) integradas com um mecanismo de feedback de relevância: As características do conjunto de dados foram optimizadas através de Particle swarm optimization (PSO), reduzindo o espaço de pesquisa. O modelo CNN foi treinado em representações de características de imagens relevantes e irrelevantes, utilizando a informação de feedback do utilizador para aproximar as imagens relevantes marcadas da consulta. A experimentação demonstrou um desempenho significativo quando avaliada utilizando o conjunto de dados FlickrLogos-27, FlickrLogos-32 e FlickrLogos-32 PLUS.

O conjunto seguinte de experiências foi executado substituindo o mapa auto-organizável (SOM) para agrupamento na fase de pré-processamento por uma CNN profunda. As melhores/optimizadas características obtidas através do PSO foram dadas à CNN profunda para treino, a fim de produzir clusters na fase de pré-processamento; o modelo CNN foi treinado em representações de características das imagens da base de dados e posteriormente treinado em imagens relevantes e irrelevantes, utilizando a informação de feedback do utilizador. Este algoritmo é designado por IOCRF (Improved optimization and clustering based relevance feedback) no quadro proposto.

CAPÍTULO 2

REVISÃO DA LITERATURA

2.1 PROCESSO DE RECUPERAÇÃO DE IMAGENS COM BASE NO CONTEÚDO (CBIR)

A recuperação de imagens com base no conteúdo (CBIR) é o processo de recuperação de imagens semelhantes a partir de uma base de dados de imagens com base nas suas características visuais. O processo CBIR divide-se nas seguintes etapas:

1. Extração de características - As características da imagem são descritas sob a forma de características visuais, como a textura, a cor e a forma. A extração destas características é feita através da aplicação de várias técnicas de tratamento de imagem. A base de dados de características é formada guardando estas características sob a forma de vectores multidimensionais de valor real.

2. Indexação - É utilizado um esquema de indexação para organizar estas características da base de dados com vista a um processo de recuperação eficaz.

3. Recuperação - As imagens semelhantes da base de dados são recuperadas calculando a distância/similaridade entre a imagem dada como consulta e as imagens da base de dados. Para o efeito, os investigadores sugerem várias medidas de cálculo da distância/similaridade, como a distância euclidiana, a distância de forma quadrática (QF), a distância de Mahalanobis, etc.

Foi efectuada uma pesquisa bibliográfica na área da CBIR baseada na técnica de extração de características visuais e algumas das contribuições dignas de nota são descritas a seguir:

2.2 SISTEMAS CBIR BASEADOS NA EXTRACÇÃO DE CARACTERÍSTICAS VISUAIS

Hsu et al. (1995) tentaram limitar a organização espacial das cores distintivas dentro da imagem, para conceber um sistema de recuperação de imagens baseado no conteúdo. A estrutura foi concebida em três etapas: 1) a seleção de um conjunto de cores representativas 2) a análise da informação espacial das cores seleccionadas 3) a recuperação de imagens utilizando a informação cor-espacial integrada. Foi selecionado um conjunto de cores representativas da imagem. A imagem foi dividida em secções rectangulares; cada secção tinha essencialmente uma única cor. A utilização da máxima entropia foi integrada no algoritmo de partição. A extensão da coincidência entre secções de cor semelhante foi utilizada para determinar a semelhança entre duas imagens. Os resultados foram testados numa base de dados com 260 imagens e provaram ser melhores do que apenas os histogramas de cores.

Pass e Zabih (1996) demonstraram o método de refinamento do histograma para diferenciar imagens cujos histogramas de cores eram impossíveis de diferenciar. Compararam imagens com restrições adicionais na correspondência formada de histogramas, designada por refinamento de histogramas. O refinamento do histograma dividiu os pixéis de um conjunto em várias classes, com base nas propriedades locais. Os píxeis da mesma classe foram avaliados dentro de um único balde. A divisão do histograma, designada por vetor de coerência da cor (CCV), separou todos os intervalos do histograma com base na coerência espacial. As experiências foram implementadas utilizando as bases de dados de 14 554 imagens, retiradas de várias fontes, tais como 11 667 imagens, 1440 imagens e 1005 bases de dados de imagens de Chabot, QBIC e Corel, respetivamente.

Rickman e Stonham (1996) apresentaram uma técnica que utiliza um histograma de características que descreve as combinações locais frequentes de tuplas de cores presentes na imagem. Os pontos finais de pequenos triângulos foram modelados e a distribuição destes triplos foi comparada. Os triplos de pixels amostrados foram organizados num triângulo equilátero com um comprimento de lado fixo. Foram utilizadas cores de matiz de 16 níveis com quantização não uniforme. Um quarto dos pixéis foi escolhido para modelação e foram armazenados 372 bits para cada imagem. Os resultados foram testados utilizando uma base de dados de imagens a cores contendo imagens faciais, flores, animais, carros, aviões, vistas, arte abstrata, etc.

Smith e Chang (1996) descreveram consultas combinando informação espacial com cor. Eles dividiram a imagem em secções. O seu método permitiu que uma secção incluísse várias cores diferentes e que um determinado pixel se encaixasse em várias secções diferentes. O cálculo baseou-se na retroprojeção do histograma para retroprojetar conjuntos de cores na imagem. Os conjuntos de cores com grandes componentes relacionados foram reconhecidos. A base de dados de imagens de teste utilizada continha 3.100 imagens a cores de diferentes temas, como cidades, natureza, animais e transportes.

Stricker e Dimai (1996) dividiram a imagem em cinco secções parcialmente sobrepostas e calcularam os três momentos iniciais das distribuições de cores em cada imagem. Calculam os momentos para cada canal no espaço de cor HSV, onde os pixéis próximos do limite têm menor peso. Foram armazenados 45 números de vírgula flutuante para cada imagem. A medida de distância para um par de imagens foi a soma da distância entre as regiões centrais, mais (para cada uma das 4 regiões laterais) a distância mínima dessa região à região correspondente na outra imagem, quando rodada 0, 90, 180 ou 270 graus. O método proposto foi invariante a translações ou pequenas rotações devido à sobreposição das regiões quando testado numa base de dados de 11000 imagens.

Eakins et al. (1997) descreveram a avaliação do ARTISAN, um sistema destinado a oferecer a recuperação automática de imagens de marcas registadas através de características de forma. Para a avaliação do sistema, foi construída uma base de dados com 268 imagens. Esta base de dados continha 231 imagens de marcas registadas escolhidas aleatoriamente e quatro sequências de imagens de experiências obtidas no Instituto de Registo de Marcas.

Alwis e Austin (1998) discutiram a primeira fase de um projeto de investigação contínuo destinado a executar um sistema de recuperação de marcas registadas utilizando uma rede neural de memória associativa. As experiências preliminares demonstraram o desempenho do sistema utilizando uma base de dados de 210 imagens de marcas registadas que incluía nove grupos de imagens concetualmente semelhantes.

Kim et al. (1999) utilizaram a forma ou o conteúdo da marca registada para conceber um sistema de recuperação de marcas registadas. A interface gráfica do utilizador para a World Wide Web (WWW) foi concebida de modo a permitir que um utilizador faça uma consulta sob a forma de esboço ou imagem visual para procurar imagens de marcas registadas relacionadas na base de dados.

Bagheri et al. (2013) recomendaram um sistema com base em práticas de extração de características de forma. A representação das características da forma foi efectuada através dos momentos de Zernike e dos descritores de Fourier. O reconhecimento da imagem do logótipo foi efectuado através da estratégia de combinação da teoria Dempster-Shafer com os três classificadores.

Alaei e Delalandre (2014) propuseram um sistema de reconhecimento de logótipos para imagens de documentos. Inicialmente, foi utilizada uma técnica de deteção de logótipos para a deteção de regiões de interesse (manchas de logótipos), provavelmente contendo o(s) logótipo(s), numa imagem de documento. O método de deteção foi baseado no algoritmo de pintura por partes (PPA) e em várias características de probabilidade em conjunto com uma árvore de decisão.

Ghosh e Parekh (2015) conceberam um sistema CBIR invariável em termos de escala e rotação para imagens de logótipos a preto e branco. As imagens de logótipos foram reconhecidas utilizando as características de forma, nomeadamente a transformada de Hough e os invariantes de momento. O conjunto de dados utilizado foi de 1700 imagens de logótipos contendo 100 categorias diversas em que cada classe tinha variações de rotação, escala e composição de cada imagem, que foram classificadas utilizando as distâncias de Manhattan e Euclidiana.

A invariabilidade da rotação e da escala foi experimentada em imagens de logótipos coloridos. A forma do logótipo foi representada utilizando os dois primeiros momentos invariantes de Hu normalizados centralmente, enquanto a cor foi representada através da média e do desvio padrão. A classificação foi efectuada utilizando as distâncias Euclidiana e de Manhattan (Ghosh e Parekh 2015).

2.3 SISTEMAS CBIR BASEADOS NA OPTIMIZAÇÃO

A extração de características e a seleção/otimização de características são os procedimentos mais importantes nos sistemas de recuperação de imagens. A dimensionalidade dos conjuntos de dados pode ser reduzida em grande medida através da utilização da técnica de seleção/otimização de características. Seguem-se algumas das contribuições notáveis no campo da CBIR, baseadas em ideias de seleção/otimização de características.

Kameyama et al. (2006) sugeriram uma abordagem que utiliza a Otimização por Enxame de Partículas (PSO) para afinar os parâmetros incorporados no algoritmo de avaliação da relevância de um sistema CBIR, optimizando-os de acordo com a correção dos resultados da recuperação. A pontuação de classificação da recuperação foi melhorada através da afinação dos parâmetros que influenciam a avaliação da semelhança num sistema CBIR de correspondência de formas binárias.

Kwang-Kyu Seo (2007) combinou o algoritmo genético (AG) para seleção de características com a máquina de vectores de suporte (SVM) para um sistema CBIR. As características optimizadas através do algoritmo genético foram dadas como entrada para o SVM para classificação. A abordagem proposta melhorou a precisão da classificação quando comparada com as abordagens baseadas apenas em SVM e em redes neuronais.

Okayama et al. (2008) optimizaram a recuperação no sistema CBIR através do feedback do utilizador pela implementação das duas abordagens:

1) O método de treino supervisionado foi aplicado sobre o conjunto de características da base de dados para produzir um mapa, utilizando a informação de feedback do utilizador.

2) Utilização da Otimização por Enxame de Partículas para otimizar os parâmetros dentro da atividade de relaxamento de correspondência fina correspondente à avaliação do utilizador da classificação da imagem recuperada.

Aghdam et al. (2009) utilizaram o algoritmo de otimização de colónias de formigas para a seleção de características. Compararam a abordagem de seleção de características proposta com outras abordagens de seleção de características, como o ganho de informação e o algoritmo genético. A experiência foi efectuada com a base de dados Reuters-21578.

Broilo e Natale (2010) sugeriram um algoritmo denominado "Particle Swarm Optimizer" para a recuperação de imagens de forma inteligente a partir de grandes bases de dados de imagens. Uma função de custo adequada foi reduzida com o optimizador de enxame de partículas personalizado para reformular o processo de otimização. A informação do feedback de relevância foi utilizada para orientar as partículas no espaço de pesquisa e para atribuir dinamicamente às características pesos diferentes.

Lianze et al. (2011) discutiram um método híbrido para recuperação e agrupamento de imagens, utilizando a Otimização por Enxame de Partículas (PSO) e a Máquina de Vectores de Suporte (SVM). O método de feedback de relevância baseado em estimadores lineares/quadráticos foi utilizado e mostrou melhores resultados de recuperação.

Ramos et al. (2011) conceberam uma técnica rápida e precisa para a seleção de características, utilizando a velocidade do algoritmo Harmony Search e o classificador Optimum-Path Forest. A experimentação foi feita para descobrir as perdas de tipo não técnico em sistemas de distribuição de energia eléctrica.

Xue et al. (2012) analisaram um estudo sobre a otimização multi-objetivo por enxame de partículas (PSO) para a seleção de características. Foram sugeridos dois algoritmos multi-objetivo para a seleção de características, baseados em PSO. O conceito de ordenação não dominada no PSO para lidar com problemas de seleção de características foi apresentado no primeiro algoritmo. No segundo algoritmo, foram introduzidas as ideias de crowding, mutação e dominância no PSO para procurar as soluções da frente de Pareto.

Kwang-Kyu Seo (2012) sugeriu um método de classificação de imagens em ambiente de computação em nuvem utilizando o algoritmo de colónia de formigas para otimização. O sistema apresentou resultados melhorados em termos de precisão com uma menor complexidade de computação.

Eng. Ahmed K. Mikhraq (2013) propôs um sistema CBIR baseado num algoritmo genético. As características de textura, cor e forma foram consideradas para a representação da imagem. O filtro de Gabor foi utilizado para representar a caraterística de textura, o momento de cor para a cor e o histograma de arestas para representar as características de forma. A cada caraterística foi atribuído um peso diferente. O algoritmo genético foi utilizado para otimizar estes pesos através da função de aptidão de precisão k-means. Mais tarde, as imagens foram agrupadas utilizando o algoritmo k-means com base nos pesos dos vectores de características. Após uma consulta, o sistema procurava algumas imagens em vez de toda a base de dados de 1000 imagens da base de dados WANG, um subconjunto da base de dados Corel.

Um modelo híbrido foi sugerido por Younus et al. (2015) através da fusão de algoritmos k-means para agrupamento com otimização por enxame de partículas (PSO). A implementação baseou-se nas técnicas de extração de características do momento wavelet e do momento de cor, do histograma de cor e das matrizes de coocorrência, utilizando a base de dados de imagens WANG.

2.4 SISTEMAS CBIR BASEADOS EM CLUSTERING

A organização dos dados de uma forma racional, ou seja, em grupos, é o principal meio de aprendizagem. Por exemplo, os organismos vivos podem ser classificados em Reino, Filo, Classe, Ordem, Família, Género e Espécie. A análise de agrupamentos trata da aprendizagem de algoritmos e técnicas para agrupar ou combinar os objectos em classes ou grupos com base em algumas características semelhantes. Quando estes objectos são etiquetados com as etiquetas da classe a que pertencem, a aprendizagem é supervisionada ou análise discriminante. E quando as etiquetas das classes não estão associadas aos objectos, a aprendizagem é designada por aprendizagem não supervisionada. (Jain, 2010)

O principal objetivo da análise de clusters é agrupar as variáveis ou observações em grupos semelhantes ou distintos, o que permite agrupar dados semelhantes sob a forma de clusters. As principais áreas de aplicação da agregação incluem o processamento e a classificação de imagens, o reconhecimento de padrões e a extração de imagens/web. Seguem-se algumas das propostas significativas baseadas em técnicas de agregação em sistemas CBIR.

Stan & Sethi (2001) descreveram um processo eficaz de recuperação de imagens a cores. O processo era composto por duas etapas: 1) A decomposição hierárquica do conjunto de dados de imagens em subconjuntos disjuntos através do algoritmo k-means para agrupamento. Uma vez que a métrica euclidiana pode não reproduzir eficazmente a perceção humana do conteúdo visual, foi utilizada a métrica não euclidiana para a similaridade e clustroides para protótipos de agrupamentos. 2) Foi adoptada a metodologia "branch and bound" para procurar a hierarquia obtida e calcular rapidamente os k-vizinhos mais próximos para recuperar as imagens ordenadas. Esta abordagem foi capaz de lidar com dados de dimensões elevadas e, devido à medida não-euclidiana de semelhança, a natureza do vetor de características foi explorada com uma ferramenta de navegação rápida para os utilizadores.

Chen et al. (2003) introduziram uma abordagem de recuperação de imagens "CLUE", ou seja, a recuperação de imagens com base em agrupamentos, que trata a questão da lacuna semântica com base na hipótese: agrupamento de imagens com semelhança semântica num espaço de características. O CLUE captou os conceitos semânticos após a aprendizagem da semelhança semântica das imagens e a recuperação de imagens agrupadas em vez do conjunto de imagens ordenadas. A formação de clusters era um processo dinâmico; os clusters eram formados após a recuperação de imagens contra uma determinada consulta. Deste modo, o algoritmo e o utilizador recebem pistas semânticas relevantes para a navegação. Para a experimentação foi utilizada a base de dados de imagens COREL com 60 000 imagens.

Kim et al. (2005) conceberam um método para a construção de agregados e para os alterar em vez de efetuar uma nova agregação completa. A abordagem foi dividida em duas etapas: (1) uma classificação adaptativa que se esforça por colocar as imagens relevantes nos clusters actuais ou em novos clusters (2) a fusão de clusters que diminui o número de clusters através da fusão de alguns clusters para diminuir o número de pontos de consulta na iteração subsequente. Como foram utilizadas métricas estatísticas semelhantes na fase de classificação e na fase de fusão de clusters, o tempo de computação foi reduzido. As experiências foram executadas utilizando a coleção de imagens Corel e os dados sintéticos. Os resultados demonstraram uma melhoria em relação à técnica de expansão da consulta e de deslocação do ponto de consulta no que respeita à qualidade dos resultados da recuperação.

Jarrah et al. (2006) apresentaram um método para orientar as adaptações de uma rede de feedback de relevância baseada em RBF, inserida em sistemas de recuperação automática de imagens baseadas em conteúdo (CBIR), com o princípio de agrupamento hierárquico não supervisionado. O Directed SOTM (DSOTM) foi introduzido como um novo membro da família SOTM. O DSOTM proporcionou uma supervisão parcial na geração de clusters e apresentou um julgamento flexível sobre a semelhança do padrão de entrada, uma vez que a sua estrutura em árvore se expande; e a estrutura atual do procedimento de cortes de grafos normalizados (Ncut) foi modificada, permitindo que o algoritmo obtivesse um número de clusters adequado num conjunto de dados não identificado antes do seu método de agrupamento recursivo com o princípio de cortes de grafos normalizados auto-organizados (SONcut). As comparações inclusivas com os algoritmos SOTM, Self-Organizing feature Map (SOFM) e Ncut revelaram a exequibilidade dos métodos propostos.

Chang et al. (2012) aumentaram a precisão do agrupamento através da conceção de um modelo de fluxo de sistema inventivo, da divisão de imagens e da topologia de cores da vizinhança através do sistema CBIR, integrando o algoritmo do vizinho mais próximo (KNN) com o algoritmo K-means. Este sistema CBIR foi construído através da fusão do módulo de grelha e segmentação, do módulo de extração de características, dos algoritmos de agrupamento k-nearest neighbor e K-means. Foi proposto o conceito de análise da cor da vizinhança para reconhecer o lado de cada grelha da imagem. A abordagem teve um desempenho significativo na fase de treino, mas a fase de consulta necessitava de otimização.

O mapa auto-organizável (SOM), uma técnica de aprendizagem não supervisionada, tem sido amplamente utilizado para reduzir a dimensionalidade do espaço de características e para as organizar sob a forma de clusters. As ideias de CBIR baseadas em SOM são apresentadas na secção seguinte.

Vesanto et al. (1999) utilizaram o Mapa Auto-Organizável (SOM) como uma prática de quantização vetorial que coloca os vectores de amostra numa grelha regular de baixa dimensão num modo ordenado referido como SOM Toolbox. Foi descrita a SOM Toolbox e a sua utilização. O desempenho do sistema foi avaliado através da carga computacional e foi comparado com um programa análogo em C.

Laaksonen et al. (2000) recomendaram um método destinado à recuperação de imagens com base no conteúdo em grandes conjuntos de dados. A estrutura baseava-se nos mapas auto-organizáveis estruturados em árvore (TS-SOM), designados por PicSOM. O grupo de imagens de amostra foi fornecido ao sistema sob a forma de referência. O PicSOM foi capaz de recuperar o grupo de imagens análogo a estas amostras especificadas. A representação das características de forma, cor e textura foi utilizada para estruturar o TS-SOM. O feedback de relevância foi utilizado para obter o feedback do utilizador quanto à preferência das imagens recuperadas. As imagens de consulta foram submetidas através da World Wide Web e foram redefinidas incessantemente.

Suganthan (2002) concebeu um esquema de indexação de formas utilizando um mapa auto-organizável. Foram utilizados vectores de atributos relacionais de pares para a extração da informação estrutural presente na forma geométrica, seguida da quantização dos vectores através do SOM. Neste trabalho foram propostos dois SOMs designados por SOM1 e SOM2. O SOM1 incluiu o histograma global dos vectores de atributos relacionais, que foram dados como vectores de entrada para o SOM2. As propriedades de forma dos objectos foram determinadas pelo SOM1. A geração do mapeamento de conservação da topologia para as formas estruturais foi tratada através do SOM2. A base de dados utilizada foi a do Registo de Marcas do Reino Unido, que inclui mais de 10 000 imagens de marcas registadas. Foi utilizado um subconjunto de 990 imagens para efeitos de teste.

Um sistema CBIR baseado em SOM foi proposto por Jehad (2012). Os algoritmos de histograma de cor Fuzzy e de agrupamento de cor Fuzzy subtrativo foram utilizados para marcar a classe da imagem de consulta. Os resultados ilustraram a redução da complexidade computacional do sistema CBIR sugerido.

Huneiti e Daoud (2015) sugeriram um método CBIR através da extração de vetores de características de cor e textura utilizando a Transformada Wavelet Discreta (DWT) e o Mapa Auto-Organizável (SOM). A distância euclidiana foi utilizada para calcular a semelhança entre a imagem de consulta e as imagens do conjunto de dados Wang Dataset.

2.5 SISTEMAS CBIR BASEADOS EM MÉTRICAS/MEDIDAS DE SIMILARIDADE

A recuperação de imagens com base em conteúdos (CBIR) oferece um modo eficiente de pesquisa e recuperação de imagens nas bases de dados de imagens. A extração de características e as métricas de semelhança são os dois factores-chave que afectam o desempenho da recuperação. Uma métrica de similaridade desempenha um papel significativo neste processo de recuperação. Foram concebidas e sugeridas várias métricas de semelhança para a recuperação de imagens, como a distância da forma quadrática (QF) e a distância da forma de Minkowski, etc. A pesquisa é efectuada com base nesta distância no sistema CBIR (Long et al., 2003). As propostas de CBIR sugeridas pelos vários investigadores, com base na medida de semelhança utilizada ou concebida, são descritas na secção seguinte.

Chahooki e Charkari (2012) sugeriram um sistema de recuperação utilizando diferenças nas técnicas de recuperação de formas baseadas em contornos e regiões. A integração de dois tipos de descrição de formas resultou numa melhoria substancial dos resultados de desempenho da recuperação de imagens. Foi proposto um novo vetor de características que corresponde às distâncias euclidiana e semântica. O coletor topológico selecionado foi aprendido através de uma técnica de extração de características não-linear orientada para a distância. A experimentação provou que as distâncias geométricas entre as amostras no espaço do coletor estavam mais associadas à sua distância semântica.

Patil e Talbar (2012) compararam o desempenho de diferentes métricas de distância, como as distâncias Manhattan, Euclidiana, Camberra, Square chord, Bray-Curtis Square e qui-quadrado, para determinar a melhor para a recuperação de imagens. Os níveis de energia foram calculados através da decomposição da wavelet estruturada em pirâmide. A distância entre a imagem de consulta e as imagens da base de dados foi calculada através destas sete medidas de semelhança para comparar os níveis de energia. A base de dados de álbuns Brodatz foi utilizada para experiências que comprovaram o melhor desempenho das distâncias Bray-Curtis, Canberra, Qui-quadrado e corda quadrada em comparação com as distâncias Manhattan e Euclidiana.

Xu (2012) concebeu uma nova métrica para o cálculo da semelhança num sistema CBIR com base na medição da semelhança do conjunto fuzzy intuicionista denominado $IFSL_1$. Com base no histograma de cores HSV, foi sugerido um novo modelo fuzzy intuicionista para as imagens. Este modelo trata a imagem como um conjunto fuzzy intuicionista de Attanassov (IFS). Esta nova métrica de semelhança sugerida foi capaz de lidar com a imprecisão, considerando os graus de afiliação, não afiliação e hesitação. Além disso, permitiu uma recuperação rápida das imagens, tendo em conta a perceção humana.

Fazal e Baharum (2013) avaliaram o desempenho do sistema CBIR recorrendo a diferentes medidas de semelhança/distância, como a distância entre blocos da cidade, a distância euclidiana, a soma das diferenças absolutas (SAD), a distância de Minkowski (com p = 3), a distância de Camberra e a soma dos quadrados das diferenças absolutas (SSAD). A extração de características estatísticas de textura do histograma quantizado foi implementada através do bloco DCT da imagem, utilizando a energia dos três primeiros coeficientes AC dos blocos e a energia DC. A análise de desempenho foi efectuada através das medidas de distância acima mencionadas em vários números de bins de quantização utilizando o conjunto de dados de imagens COREL. A abordagem proposta foi robusta para estas medidas de distância com várias quantizações de histograma no domínio comprimido.

Shrivastava e Tyagi (2014) apresentaram uma técnica de recuperação de imagens através da correspondência de regiões selectivas por meio de códigos de região. As imagens da base de dados foram uniformemente separadas em várias regiões. Foi atribuído um código de região de 4 bits a cada região, com base na sua posição relativa com a região central. As características de textura baseadas no padrão binário local (LBP) e a cor dominante foram extraídas destas regiões. Os códigos de região e os vectores de características formaram, em conjunto, a base de dados. A comparação foi feita com base na semelhança entre os códigos de região dos vectores de características das regiões e a região da imagem de consulta. .

Rahimi e Moghaddam (2015) utilizaram características intra-classe e inter-classe para o sistema de recuperação de imagens baseadas em conteúdo (CBIR). Uma caraterística intra-classe representa o novo layout para a distribuição de cores dentro de uma imagem com base no conceito de matriz de coocorrência no espaço de cor RGB referido como Distribuição de Tonalidade de Cor (DCT). A extração de características inter-classes foi feita utilizando a decomposição do valor singular (SVD), a segmentação concetual baseada no sistema de visão humana e a transformada wavelet complexa de árvore dupla. A abordagem resultou em vectores de características ricas para a descrição da imagem e numa métrica de semelhança simples com menor complexidade e maior precisão.

Uma nova métrica de similaridade para o sistema CBIR foi sugerida por Alsmadi (2017) utilizando um algoritmo meta-heurístico intitulado algoritmo memético (algoritmo genético por enorme torrente). A base de dados de características foi gerada através da extração das características de forma, textura de cor e assinatura de cor. A similaridade entre as características da imagem de consulta e as características das imagens do banco de dados foi computada, através da métrica sugerida. Os resultados revelaram-se melhores após a avaliação utilizando a precisão e a recordação em relação à precisão.

2.6 SISTEMAS CBIR BASEADOS NO FEEDBACK DE RELEVÂNCIA

A abordagem CBIR tradicional baseada em técnicas de extração de características visuais tem o problema de as características visuais extraídas serem muito variadas e não conseguirem captar o conceito da consulta do utilizador. Para resolver este problema, a técnica de feedback de relevância (RF) foi incorporada no sistema CBIR convencional. Nesta abordagem, os utilizadores dão feedback sobre as imagens preferidas para refinar as explorações de imagens. (Su et al. 2011)

Foi efectuada uma pesquisa bibliográfica na área dos sistemas CBIR baseados no feedback de relevância (RF) e os principais contributos são indicados a seguir.

Rui et al. (1998) propuseram um quadro de feedback de relevância para a recuperação interactiva de imagens, centrado nas propriedades dos sistemas CBIR, tais como 1) a diferença entre conceitos de alto nível e características de baixo nível, e 2) a subjetividade da perceção humana do conteúdo visual. A experimentação foi efectuada utilizando duas colecções de imagens. A primeira foi retirada do Museu Fowler de História Cultural da Universidade da Califórnia, em Los Angeles, com 286 artefactos antigos africanos e peruanos, e a segunda foi retirada da Corel Corporation, com 70 000 imagens com uma gama de mais de 500 grupos. O feedback do utilizador foi utilizado para a atualização dinâmica dos pesos e para captar a subjetividade da consulta e da perceção de alto nível do utilizador.

Benitez et al. (1998) descreveram o MetaSeek, um motor de meta-pesquisa para consultar grupos de imagens dispersas na Web. O motor de meta-pesquisa foi integrado em quatro motores de pesquisa de imagens: WebSeek, VisualSeek, Virage e QBIC. O feedback dos utilizadores foi utilizado para avaliar a qualidade dos resultados de pesquisa fornecidos por cada motor, e este registo foi mantido numa base de dados. As imagens da categoria semântica "Animais" foram seleccionadas como a coleção de imagens alvo. Os resultados em termos de precisão revelaram uma melhoria de 92% em comparação com o anterior motor Metaseek.

Vasconcelos e Lippman (2000) utilizaram um algoritmo de aprendizagem Bayesiano combinado com feedback de relevância dado pelo utilizador numa fase de recuperação. A adição de aprendizagem no processo de recuperação revelou um aumento notável na taxa de convergência para as imagens relevantes. A base de dados experimental utilizada foi a base de dados de objectos Columbia e a base de dados de texturas Brodatz.

Hong et al. (2000) propuseram uma abordagem para utilizar feedbacks positivos e negativos na recuperação de imagens. Foram aplicadas máquinas de vectores de apoio (SVM) para categorizar as imagens positivas e negativas. Os pesos de preferência para as imagens relevantes foram actualizados utilizando os resultados da aprendizagem SVM. Graças a isso, o utilizador pôde atribuir o peso de preferência a cada exemplo positivo automaticamente, em vez de o fazer manualmente.

Zhou e Huang (2001) propuseram os algoritmos de aprendizagem em linha para a recuperação de informação multimédia baseada em conteúdos, destacando o problema da métrica de semelhança. Foram descritos os métodos de análise discriminante de Fisher (FDA) de duas classes e de análise discriminante múltipla (MDA). E recomendou-se um novo tipo de análise discriminante, a análise discriminante tendenciosa (BDA) e os métodos de análise discriminante tendenciosa baseada em Kernel (KBDA). As experiências foram efectuadas com um conjunto de dados de imagens COREL de 17695 imagens, seguidas da comparação do desempenho entre as técnicas SVM (Support Vetor Machines) e KBDA.

Su et al. (2003) conceberam uma CBIR baseada em feedback de relevância (RF) utilizando um classificador Bayesiano. Os exemplos positivos no feedback foram utilizados para aproximar uma distribuição Gaussiana que ilustra as imagens preferidas para uma consulta específica. A classificação das imagens recuperadas foi obtida com base nos exemplos negativos do feedback de relevância. O método de análise de componentes principais (PCA) foi utilizado para a extração e atualização do subespaço de características durante o procedimento de RF. O conjunto de dados de imagens de avaliação foi a Corel Image Gallery. Os resultados experimentais provaram que o método proposto melhorou substancialmente o desempenho da recuperação em termos de velocidade, memória e precisão.

Steven et al. (2005) conceberam o algoritmo para integrar a informação do feedback do utilizador mantida no registo com o conteúdo de imagens de baixo nível para o processo de recuperação de imagens. A organização do algoritmo baseou-se numa máquina de vectores de apoio que aprendeu continuamente com os dois tipos de dados: o registo do feedback do utilizador e o conteúdo das imagens de baixo nível. O conjunto de dados experimental utilizado foi o dos CDs de imagens COREL de 20-Categoria e 50-Categoria, com 20 e 50 categorias de 100 imagens, respetivamente, tais como antílope, antiguidade, aviação, botânica, balão, borboleta, gato, carro, cão, cavalo, lagarto e fogo de artifício, etc. Além disso, alguns problemas relatados no algoritmo foram a questão da convergência, a abordagem de seleção de amostras não rotuladas, problemas de ruído e a dificuldade de custo de computação do algoritmo quando aplicado em aplicações de grande escala.

Jiang et al. (2005) integraram o feedback de relevância a longo prazo (LRF) com a HA (Anotação Oculta) para aumentar a eficácia e a exatidão na recuperação de sistemas CBIR. O trabalho foi dividido em dois componentes: 1) os conceitos semânticos ocultos das imagens foram extraídos automaticamente utilizando a representação semântica multi-camada gerada durante o LRF. 2) A aprendizagem semi-supervisionada foi integrada com todas as percepções aprendidas para a seleção automática de imagens através de anotadores. O conjunto de dados utilizado foi o Corel CDs 12.000 imagens do mundo real e da Internet, incluindo 120 categorias semânticas de 100 imagens por categoria.

Kherfi e Ziou (2006) apresentaram a técnica de RF utilizando conjuntamente o exemplo positivo (PE) e o exemplo negativo (NE) com base no algoritmo de seleção de características. Para obter a opinião correcta, o algoritmo aprendeu sobre as características importantes da imagem, com base na informação de feedback do utilizador. A precisão da recuperação foi melhorada devido à remoção de imagens indesejadas pelo utilizador através do exemplo negativo (NE). Os resultados foram testados utilizando imagens da

Universidade do Estado da Pensilvânia, imagens gratuitas recolhidas na World Wide Web e mais de dez mil imagens da coleção CalPhotos.

Grigorova et al. (2007) propuseram um conceito, a modificação do espaço de características com base semântica, que permite obter um feedback de relevância adaptável às características (FA-RF). A FA-RF é uma técnica baseada na RF, assente na terminologia de reponderação de características e de refinamento de consultas. Base de dados de imagens obtida do projeto de biblioteca digital da Universidade da Califórnia em Berkeley. O algoritmo foi capaz de identificar as características mais importantes e atribuir-lhes pesos mais elevados.

Li e Hsu (2008) utilizaram gráficos para a representação de imagens, transformaram o problema da estimativa da correspondência de regiões num problema de correspondência inexacta de gráficos e recomendaram um procedimento de otimização para obter a solução. A correspondência estimada da região foi usada como medida de distância da imagem. Através da correspondência de regiões estimada, foi proposta a utilização do método da maior verosimilhança para reestimar a consulta ideal e a estimativa da distância da imagem nas etapas de feedback de relevância. O conjunto de dados experimental foi de 5000 imagens de 150 categorias da galeria de fotos Corel. Foi concebido um método automático de simulação do feedback de relevância sem a inclusão de utilizadores reais nas experiências. Os resultados da recuperação foram melhorados através desta abordagem para imagens de categorias semânticas com associação aparente de regiões.

Bian e Tao (2010) descreveram imagens através de características visuais de baixo nível. Com base no número de observações, foi concebido um mapeamento para uma seleção eficaz do subespaço, a fim de separar as amostras positivas das amostras negativas. A incorporação euclidiana discriminatória tendenciosa (BDEE) foi proposta para representar as amostras no espaço ambiente original de alta dimensão para determinar a coordenada intrínseca das características visuais de baixo nível da imagem. A BDEE foi capaz de representar conjuntamente a geometria intraclasse e a discriminação interclasse. A eficácia do BDEE e do semi-BDEE propostos foi validada, comparando-os com os algoritmos tradicionais de RF e confirmando um aumento considerável da precisão após a experimentação com o conjunto de dados da galeria de imagens Corel.

Auer et al. (2010) descreveram o Pinview, um sistema de recuperação de imagens baseado em conteúdos que utiliza feedback de relevância implícito durante uma sessão de pesquisa. O Pinview foi capaz de deduzir a intenção do utilizador através de feedback de relevância, como movimentos oculares ou cliques, e características visuais das imagens. A medida de semelhança entre imagens foi aprendida pelo Pinview utilizando os interesses actuais do utilizador. Através dos movimentos dos olhos, o sistema previu a relevância das imagens vistas. O subconjunto de dados do PASCAL Visual Object Classes Challenge 2007 foi utilizado para as experiências. Os resultados indicam que a relevância das imagens pode ser efetivamente determinada a partir dos movimentos dos olhos.

Dorota e Shawe-Taylor (2010) apresentaram um feedback de relevância multinomial para a recuperação de imagens com base no conteúdo. O conhecimento do sistema foi modelado através do processo de Dirichlet. O modelo recomendou um algoritmo para a geração de imagens para representar a exploração e o aproveitamento. A medida de desempenho foi o número de rondas necessárias para reconhecer uma imagem alvo precisa ou para localizar uma imagem entre os t vizinhos mais próximos do alvo na base de dados. Para as experiências, foi utilizado o conjunto de dados VOC2007, com 23 categorias e 9963 imagens, construído para o PASCAL Visual Object Classes Challenge 2007.

Sun e Bhanu (2010) integraram o feedback de relevância nos procedimentos de seleção de características em linha para um sistema de recuperação de imagens baseado em conteúdos (CBIR). A seleção de características foi orientada por um critério semântico; uma medida de inconsistência do feedback de relevância. Graças a isso, o fosso entre as características visuais de baixo nível e a informação semântica de alto nível foi colmatado, resultando numa maior precisão de recuperação. Os conjuntos de dados de imagens utilizados para a experimentação foram uma base de dados de imagens de borboletas com 29 classes de 7600 imagens e 210 imagens retiradas do Google Images, com 5 classes, tais como árvores, montanhas nevadas, pontes, praias de areia e quedas de água.

Su et al. (2011) alcançaram a alta eficiência da CBIR através do Feedback de Relevância Baseado em Padrões de Navegação (NPRF). O algoritmo NPRF utilizou os padrões de navegação detectados e três tipos de estratégias de refinamento de consultas, Query Point Movement (QPM), Query Reweighting (QR) e Query Expansion (QEX), para fazer convergir o espaço de pesquisa para a intenção do utilizador de forma proficiente.

Através do método NPRF, foi alcançada uma elevada qualidade de recuperação de imagens em RF com um número reduzido de feedbacks. A base de dados utilizada para a análise experimental foi a de imagens da Web e a base de dados de imagens Corel. Os resultados demonstraram a eficácia do algoritmo através da precisão e da cobertura em menos rondas de feedback de relevância. Os padrões de navegação foram competentes para ajudar os utilizadores a obter resultados óptimos.

Chowdhury et al. (2012) conceberam um sistema de recuperação de imagens baseado em conteúdos (CBIR) utilizando a ferramenta de análise multiescala (MGA), designada por Ripplet Transform Type-I (RT). Os resultados da recuperação foram melhorados através da implementação de um mecanismo de feedback de relevância difusa (F-RFM). A importância da caraterística modificada e a distância de similaridade após cada iteração foram calculadas automaticamente utilizando o método de avaliação de características baseado na entropia difusa. Os resultados foram testados utilizando 1000 imagens de uma base de dados de simplicidade contendo 10 classes, tais como Oceano, Edifício Africano, Dinossauros, Autocarro, Elefante, Cavalo, Comida, Montanha e Flor.

2.7 SISTEMAS DE RECUPERAÇÃO DE IMAGENS DE MARCAS REGISTADAS

Agora, começamos a concentrar-nos na recuperação de imagens de marcas registadas, que tem algumas semelhanças e contrastes com a investigação sobre recuperação de imagens padrão. Apesar do facto de poder ser vista como outra aplicação de recuperação de imagem, enfrenta um desafio extra e problemático como a captura da proximidade percetual - que é uma gama moderadamente sub-investigada na pesquisa padrão de recuperação de imagem. Esta aplicação pode ser vista como um excelente meio de investigação nesse sentido. Seguem-se algumas das contribuições notáveis neste domínio.

Hussain e Eakins (2007) sugeriram um método de agrupamento visual de imagens de marcas registadas multicomponentes, através das características topológicas do mapa auto-organizável. A implementação foi efectuada em duas fases: 1) Construção de um mapa 2D através das características extraídas dos componentes da imagem. 2) Determinação do vetor de similaridade de componentes a partir de uma imagem de consulta. O conjunto de dados experimentais foi uma base de dados com 10.000 imagens de marcas registadas.

Rusiñol et al. (2011) conceberam um sistema de recuperação de imagens de marcas registadas com base numa consulta por exemplo e testaram-no num conjunto de dados de 30000 imagens de marcas registadas. O conteúdo visual das imagens e os códigos de Viena foram utilizados para a descrição das imagens. A aplicação do método de feedback de relevância melhorou a eficácia de recuperação do sistema.

Em (2011), Romberg et al. conceberam um esquema de reconhecimento de logótipos escalável. A representação quantizada das regiões do logótipo foi obtida através das características locais e das composições das estruturas espaciais. A avaliação da estrutura inclui o teste através do conjunto de dados de logótipos Flickrlogos32.

Zhenhai e Kicheon (2012) combinaram as características globais da imagem e as características locais num algoritmo de recuperação de marcas registadas. A extração de momentos Zernike foi seguida de uma classificação com base na semelhança. O conjunto de imagens padrão "MPEG7 CE Shape-2 Part-B", que inclui 3621 imagens de marcas registadas, foi o conjunto de dados experimental.

Revaud et al. (2012) descobriram como aprender um modelo estatístico para a distribuição de detecções erradas produzidas por um algoritmo de correspondência de imagens. As experiências foram efectuadas nos conjuntos de dados BelgaLogos e FlickrLogos.

Chu e Lin (2012) propuseram um método de reconhecimento e localização de logótipos expressando as relações espaciais entre os pontos característicos. Os outliers foram filtrados após a pesquisa das regiões candidatas através do algoritmo mean-sift. A comparação de cada região com o logótipo foi efectuada com base em padrões visuais e no histograma visual de palavras. A abordagem do padrão visual revelou-se eficaz para a descrição de logótipos.

O esquema de reconhecimento de logótipos que utiliza o agrupamento de características foi recomendado por Romberg e Lienhart (2013). As características locais e as características da vizinhança espacial foram unidas para formar pacotes. O conjunto de dados FlickrLogos-32 foi utilizado para avaliação e teste.

Boia et al. (2014) implementaram um sistema de reconhecimento de logótipos invariante à escala, cores e iluminações provenientes de fontes luminosas de diversas intensidades. A abordagem foi baseada na estrutura Bag-of-Words (BoW) e nas características SIFTS (Scale Invariant Feature Transform). A precisão melhorada no desempenho foi alcançada através da caraterística de transformação de classificação completa quando testada utilizando a base de dados FlickrLogos-32.

2.8 APRENDIZAGEM PROFUNDA EM SISTEMAS CBIR

Os trabalhos recentes pesquisados nesta área utilizaram uma abordagem de aprendizagem profunda para aplicações de recuperação de imagens.

As CNN profundas englobam camadas de subamostragem e convolucionais com activações neurais não lineares, seguindo-se posteriormente camadas totalmente ligadas. A rede neural é alimentada com uma imagem de entrada sob a forma de um tensor tridimensional com dimensões equivalentes às da imagem de entrada e três canais de cor, ou seja, RGB. Após a aprendizagem dos filtros tridimensionais, estes são utilizados em cada camada para a convolução. A sua saída é transferida para os neurónios da camada subsequente para efetuar uma transformação não linear através de funções de ativação adequadas. A organização da arquitetura profunda transforma-se em sinais unidimensionais e camadas totalmente ligadas após a subamostragem e várias camadas de convolução. Estas activações são utilizadas como representações profundas para fins de agrupamento, classificação e recuperação. . Krizhevsky et al. (2012) sugeriram a AlexNet, uma arquitetura DCNN com 5 camadas convolucionais e 3 camadas totalmente ligadas. Simonyan e Zisserman (2014) desenvolveram as DCNN da ImageNet em redes muito profundas com 19 camadas, designadas por VGG-19, enquanto a GoogLeNet (Szegedy et al., 2014), com maior profundidade, era constituída por metacamadas de "início", incluindo várias resoluções de filtros de convolução.

A literatura seguinte descreve a utilização de CNN profundas no domínio da recuperação de imagens.

Donahue et al. (2013) avaliaram como as características extraídas através das activações das redes convolucionais profundas podem ser remodeladas para novas tarefas genéricas, quando treinadas de forma totalmente supervisionada num grande conjunto de tarefas de reconhecimento de objectos. Examinaram e visualizaram o agrupamento semântico de características convolucionais profundas, relativamente a várias tarefas como a adaptação de domínios, o reconhecimento de cenas e os desafios no reconhecimento de grão fino. Erhan et al. (2014) conceberam um método escalável para a deteção de objectos utilizando redes neurais profundas. O modelo foi capaz de prever um conjunto de caixas delimitadoras independentes de classe com uma pontuação única para cada caixa, correspondendo à sua possibilidade de encerrar algum objeto de interesse. E também foi capaz de lidar com várias instâncias para cada classe com a permissibilidade da generalização entre classes nos níveis mais altos da rede. Zeiler e Fergus (2014) introduziram a técnica de visualização que dá uma visão sobre a função das camadas de características intermédias e o funcionamento do classificador. Foi estudada a contribuição de diferentes camadas do modelo no desempenho. Os conjuntos de dados de teste utilizados foram os conjuntos de dados Caltech-101 e Caltech-256, provando os resultados significativos com a reciclagem do classificador softmax.

Babenko et al. (2014) e Wan et al. (2014) examinaram a utilização dos descritores (códigos neurais) como uma aplicação na área da recuperação de imagens. Com base nas observações, que as activações solicitadas por uma imagem através das camadas superiores da rede neural convolucional dão os descritores de alto nível para o conteúdo visual da imagem.

O objetivo da aplicação da CNN profunda na área da recuperação de imagens é obter as representações das características através de um modelo pré-treinado. As imagens são introduzidas no modelo e são obtidos os valores de ativação das últimas camadas que contêm a informação semântica de alto nível. Babenko et al. (2014) treinaram novamente a rede neural convolucional em conjuntos de dados e classes de imagens relevantes. Enquanto Wan et al. (2014) propuseram o refinamento dos parâmetros do modelo pré-treinado com informações de uma classe para melhorar o desempenho da recuperação. Razavian et al. (2014) utilizaram os recursos da CNN com busca espacial para a aplicação de recuperação de imagens.

Trabalhos recentes no domínio observaram a implementação de mecanismos de aprendizagem profunda para o reconhecimento e a recuperação de marcas registadas.

Bianco et al. (2015) e Eggert et al. (2015) testaram o sistema de reconhecimento de logótipos utilizando Redes Neuronais Convolucionais (CNN) pré-treinadas e dados gerados sinteticamente. Hoi et al. (2015) utilizaram competências de aprendizagem profunda para a deteção de logótipos e o reconhecimento de marcas. Foram testados procedimentos de redes convolucionais baseadas em regiões profundas para mecanismos de deteção de objectos. Iandola et al. (2015) aplicaram redes neurais convolucionais profundas (DCNN) para o reconhecimento de logótipos. Arquitecturas DCNN como

GoogLeNet-GP, Google Net-FullClassify e Full-Inception foram sugeridas e avaliadas quanto à precisão no conjunto de dados FlickrLogos-32. A FRCN foi recomendada como estrutura melhorada para a deteção de objectos em relação à R-CNN (Region based CNN), com maior precisão e tempo de treino mais rápido. As arquitecturas DCNN existentes, nomeadamente AlexNet e VGG-16, foram incorporadas na estrutura FRCN e avaliadas com o conjunto de dados FlickrLogos-32. Bao et al. (2016) exploraram a conceção e as definições adequadas da R-CNN para a deteção de logótipos e testaram o sistema com o conjunto de dados FlickrLogos-32.

A ideia de combinar as Redes Neuronais Convolucionais (CNN) profundas com o Feedback de Relevância para a recuperação de imagens foi proposta por Tzelepi e Tefas (2016). Eles utilizaram as informações de feedback do utilizador em RF para refinar a representação de características da camada mais profunda da CNN. O modelo pré-treinado foi treinado novamente para as características relevantes e irrelevantes do feedback, resultando em melhores resultados de recuperação, tendo em conta os requisitos do utilizador.

2.9 CONCLUSÕES DO ESTUDO BIBLIOGRÁFICO

As conclusões da literatura pesquisada acima são as seguintes

A distribuição global e local das cores numa imagem pode ser eficazmente representada com a ajuda do histograma de cores. É muito simples de calcular. Verifica-se que os momentos de cor são muito proficientes e eficientes para a representação das características de cor das imagens. Os momentos de cor têm uma complexidade computacional mínima e a sua dimensão vetorial é a mais pequena. O correlograma de cores é competente para representar a distribuição das cores no pixel, bem como a forma como a correlação espacial dos pares de cores muda com a distância.

As wavelets de Gabor são melhores para a representação de texturas porque reduzem a incerteza conjunta no espaço e na frequência. Têm a capacidade de reconhecer arestas e linhas rectas com orientações e escalas variáveis e não são sensíveis às condições de iluminação da imagem. As wavelets de Haar são mais rápidas de calcular e mais fáceis de implementar. As grandes áreas de cor constante podem ser descritas eficazmente utilizando a wavelet de Haar. O descritor de Fourier é utilizado para a representação de formas devido às suas propriedades como a derivação simples, a normalização simples e a sua robustez ao ruído. A circularidade é uma técnica de representação de formas invariante em termos de translação, rotação e escala e é calculada a partir do contorno do objeto.

O trabalho efectuado pela maioria dos investigadores acima referidos no domínio do reconhecimento de imagens de marcas comerciais baseia-se em características de cor, textura ou forma. A recuperação de imagens com base em múltiplas características tem as suas próprias vantagens. Muitos dos sistemas de recuperação de imagens de marcas registadas propostos lidam com todas as categorias de imagens de marcas registadas (apenas imagem, apenas texto, combinação de ambos); no entanto, os resultados de reconhecimento destes sistemas não são satisfatórios em comparação com os sistemas que se destinam principalmente a lidar com apenas uma categoria de marcas registadas, tal como referido por Wei et al. (2009).

Como se pode verificar na pesquisa bibliográfica, o PSO e o SOM são técnicas populares de otimização e aprendizagem implementadas em aplicações de recuperação de imagens, melhorando assim os seus resultados de recuperação. Tanto quanto sei, a utilização da técnica PSO e SOM integrada com a estratégia RF para a recuperação de imagens de marcas registadas não foi experimentada até à data.

Os mecanismos de aprendizagem profunda adoptados para a recuperação de imagens de marcas registadas estão a dar resultados significativos. Mas ainda há margem para investigação através da integração da técnica de aprendizagem profunda com o algoritmo de feedback de relevância para melhorar o desempenho de recuperação do sistema CBIR.

Neste capítulo, foram discutidas as questões relativas à extração de características visuais. As perspectivas e desvantagens destas técnicas do ponto de vista computacional foram relatadas. Foi analisada a necessidade de técnicas de otimização e de agrupamento no sistema CBIR. Foram descritos os trabalhos de investigação implementados relativamente a estas técnicas. Foi descrito o desempenho de sistemas CBIR baseados em RF para ultrapassar os inconvenientes dos sistemas baseados na extração de características visuais. Foram analisados trabalhos relacionados no domínio da recuperação de imagens, baseados na aprendizagem profunda.

Apesar do esforço consideravelmente grande na recuperação de imagens de marcas registadas com base em RF e do consequente sucesso durante os últimos 15 anos, ainda não se conseguiu atingir a eficácia desejada. Este facto motivou a nossa investigação para desenvolver um sistema CBIR baseado em RF para imagens de marcas registadas com maior precisão e eficácia.

O principal objetivo desta tese é estudar os desafios relacionados com a recuperação de imagens de marcas registadas. As principais considerações foram a redução da complexidade computacional e, consequentemente, do tempo de execução de um sistema de recuperação de imagens de marcas registadas baseado em RF e a obtenção de robustez contra variações geométricas.

CAPÍTULO 3
METODOLOGIA PROPOSTA

3.1 INTRODUÇÃO

O principal objetivo do trabalho de investigação proposto é conceber uma estrutura eficiente para a recuperação de imagens de marcas registadas através da implementação de uma técnica melhorada de feedback de relevância. O capítulo anterior apresentou a análise teórica do trabalho neste domínio. Nesta tese, as metodologias são exploradas de modo a construir uma estrutura eficiente de recuperação de imagens de marcas registadas. Este capítulo descreve a forma como estas metodologias são concebidas e sugeridas para tornar a estrutura melhorada e eficiente.

3.2 INVESTIGAÇÃO DE UM QUADRO ADEQUADO

No capítulo anterior, falámos sobre como os dados visuais são extraídos com o objetivo de poderem ser utilizados na fase de recuperação. As imagens semelhantes à imagem consultada têm de ser recuperadas neste processo de recuperação. Assim, o "processo de avaliação da semelhança" deve ser dirigido contra toda a base de dados de imagens ou, para ser mais exato, contra toda a coleção de características da base de dados. Para além do mecanismo de pesquisa rápida, o quadro deve satisfazer as expectativas do utilizador quanto à semelhança das imagens. Estas questões são investigadas pela estrutura, tornando-a eficiente e rápida.

3.3 QUADRO EXPERIMENTAL

3.3.1 Antecedentes

Uma estrutura de recuperação de imagens de marcas registadas deve ter a capacidade de recuperar imagens organizadas por semelhança em relação a uma determinada consulta. Os examinadores de marcas registadas teriam a capacidade de avaliar se o quadro contém imagens adequadamente semelhantes à consulta, filtrando apenas um pequeno subconjunto no melhor extremo da lista. Os critérios simples para avaliar uma estrutura de recuperação de imagens de marcas registadas consistem em avaliar a sua capacidade para atingir este objetivo de uma forma bem sucedida e produtiva.

3.3.2 Seleção da base de dados

Um dos aspectos mais importantes na conceção de qualquer estrutura de recuperação de imagens é a obtenção de conjuntos de dados fiáveis para a realização de experiências, uma vez que todos os resultados e consequências dependem desse conjunto de dados. Para obter resultados exactos e dignos de confiança, é obrigatório obter um conjunto de dados experimentais imparciais. Estes dados podem ser obtidos de duas formas. A primeira preferência é obter dados de um grupo de peritos na matéria (examinadores de marcas registadas no nosso domínio de aplicação) e a segunda opção é recolher dados de um grupo comparativamente maior de sujeitos humanos. No quadro proposto, as experiências preliminares foram realizadas utilizando bases de dados de marcas registadas recolhidas em diferentes sítios Web. Estas últimas foram implementadas nos conjuntos de dados de marcas registadas publicamente disponíveis, tais como os conjuntos de dados FlickrLogos-27 e FlickrLogos-32.

3.3.2.1 O conjunto de dados experimentais preliminares

As experiências preliminares baseadas na extração de características visuais foram realizadas sobre o desempenho do sistema CBIR utilizando uma base de dados de imagens com 3000 imagens de marcas registadas. Este conjunto de dados utilizado na experimentação foi recolhido de diferentes sítios Web, guardado em formato JPG e redimensionado para o tamanho 256 x 256. Alguns exemplos de imagens de marcas registadas da base de dados são apresentados na figura 3.1.

Figura 3.1: *Imagens típicas de marcas registadas na base de dados*

3.3.2.2 O conjunto de dados FlickrLogos

A parte posterior da experimentação foi implementada utilizando o conjunto de dados FlickrLogos-27[1] e o conjunto de dados FlickrLogos-32[1] . Os pormenores destes conjuntos de dados são apresentados no Quadro 4.1.

[1]: http://www.multimedia-computing.de/flickrlogos/data/

Tabela 3.1: *Detalhes dos conjuntos de dados do FlickrLogos utilizados na experimentação*

Conjunto de dados	Número total de imagens	Logótipos	Marca	Imagens por classe
Conjunto de dados do FlickrLogos-27	1080	27	27	Menos de 50
Conjunto de dados FlickrLogos-32	8240	32	32	Menos de 70

Alguns exemplos de imagens de marcas registadas utilizadas no quadro do conjunto de dados FlickrLogos-32 estão representados na Figura 3.2.

Figura 3.2: *Exemplo de imagens de marcas registadas do conjunto de dados FlickrLogos-32*

O desempenho do quadro integrado proposto foi testado utilizando o conjunto de dados FlickrLogos-32 PLUS. Os pormenores deste conjunto de dados são apresentados no Quadro 4.2. O conjunto de dados FlickrLogos-32, disponível ao público, contém algumas imagens sem logótipo. Estas imagens sem logótipos foram removidas e foram adicionadas mais algumas imagens com logótipos ao conjunto de dados FlickrLogos-32 PLUS.

Tabela 3.2: *Detalhes do* conjunto de dados *FlickrLogos-32 PLUS utilizado na experimentação*

Conjunto de dados	Número total de imagens	Logótipos	Marca
Disponível : FlickrLogos-32 Dataset	8240	32	32
Gerado: Conjunto de dados FlickrLogos-32 PLUS	8500	37	37

A Figura 3.3 apresenta alguns exemplos de imagens de logótipos utilizadas no quadro do conjunto de dados FlickrLogos-32 PLUS.

Figura 3.3: *Exemplo de imagens de marcas registadas do conjunto de dados FlickrLogos-32 PLUS*

3.4 FASES DE IMPLEMENTAÇÃO DO QUADRO DE INVESTIGAÇÃO PROPOSTO PARA O SISTEMA CBIR PARA IMAGENS DE MARCAS REGISTADAS

3.4.1 Fases de implementação: Módulo 1

1. Estrutura CBIR baseada na extração de características de cor
2. Estrutura CBIR baseada na extração de características de cor e textura
3. Quadro CBIR baseado em técnicas de extração de características visuais (características de cor, textura e forma) e teste de robustez contra transformações geométricas.
4. Quadro CBIR baseado em características visuais e feedback de relevância utilizando a estratégia de melhoria de consultas e testando a robustez contra transformações geométricas (MLRF).
5. Quadro CBIR baseado em características visuais e feedback de relevância integrado com o mapa de auto-organização (SOM) na fase de pré-processamento (CRF).
6. Estrutura CBIR baseada em características visuais e feedback de relevância integrada com otimização por enxame de partículas (PSO) e mapa auto-organizável (SOM) na fase de pré-processamento. (OCRF)
7. Testar a robustez do sistema face a transformações geométricas (translação, rotação e escalonamento).

3.4.2 Fases de implementação: Módulo2

1. Quadro CBIR integrando CNN profunda com feedback de relevância na fase de recuperação (IOCRF)
2. Quadro CBIR integrando CNN profunda para agrupamento na fase de pré-processamento e com feedback de relevância na fase de recuperação (IOCRF)

O diagrama de blocos geral da metodologia proposta está representado na Figura 3.4.

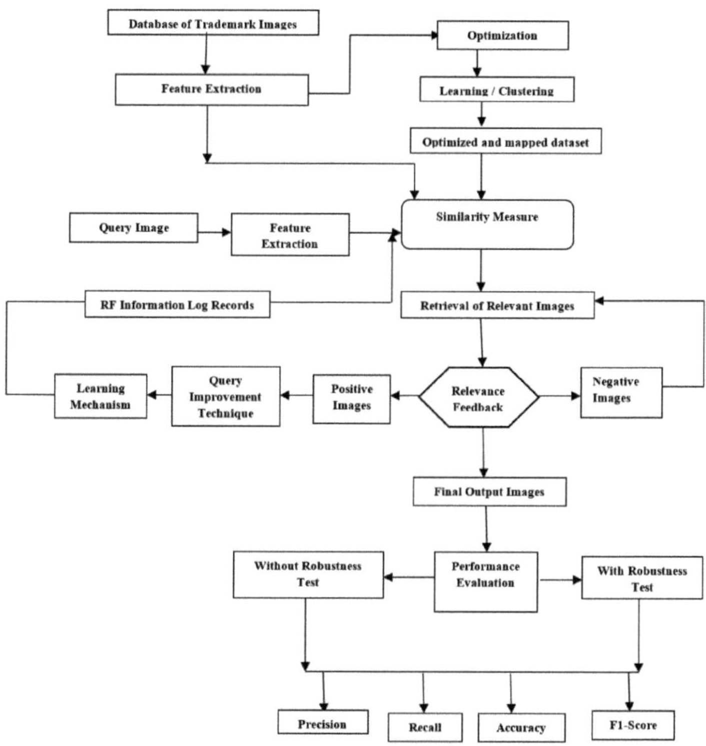

Figura 3.4: *Diagrama de blocos geral da metodologia proposta*

As etapas de implementação algorítmica de cada uma destas fases, por módulo, são descritas em pormenor nas secções seguintes.

3.5 ETAPAS DE IMPLEMENTAÇÃO NO MÓDULO 1

3.5.1 Estrutura CBIR baseada na extração de características de cor

As experiências preliminares foram efectuadas sobre o desempenho do sistema CBIR utilizando uma base de dados de imagens com 3000 imagens de marcas registadas.

Algoritmo:

Entradas: Imagens da base de dados (3000 imagens de marca registada) e **imagem de** consulta

Saída: Imagens recuperadas semelhantes (I)

Começar

1: Calcular o histograma 3D, os momentos de cor e o correlograma de cores das imagens da base de dados para formar a base de dados de características

2: Dar uma imagem de consulta

3: Calcular o histograma 3D, os momentos de cor e o correlograma de cor da imagem de consulta

4: Calcular a distância entre o vetor de características da imagem de consulta e as imagens da base de dados.

5: Calcular o valor da medida de semelhança

6: Recuperar as imagens de saída (I) com base na semelhança

7: Calcular as métricas de avaliação para avaliação do desempenho

Fim

3.5.2 Estrutura CBIR baseada na extração de características de cor e textura

Algoritmo:

Entradas: Imagens da base de dados (3000 imagens de marca registada) e **imagem de** consulta

Saída: Imagens recuperadas semelhantes (I)

Começar

1: Calcular o histograma 3D, os momentos de cor e o correlograma de cores das imagens da base de dados para formar a base de dados de características

2: Calcular a wavelet de gabor e a wavelet de Haar das imagens da base de dados para formar a base de dados de características

3: Dar uma imagem de consulta

4: Calcular o histograma 3D, os momentos de cor e o correlograma de cor da imagem de consulta

5: Calcular a wavelet de Gabor e a wavelet de Haar da imagem de consulta

6: Calcular a distância entre o vetor de características da imagem de consulta e a imagem da base de dados.

7: Calcular o valor da medida de semelhança/distância

8: Recuperar as imagens de saída (I) com base na semelhança

9: Calcular as métricas de avaliação para avaliação do desempenho

Fim

3.5.3 Quadro CBIR baseado na extração de características visuais (características de cor, textura e forma) e teste de robustez contra transformações geométricas.

Algoritmo:

Entradas: Imagens da base de dados (3000 imagens de marca registada) e **imagem de** consulta

Saída: Imagens recuperadas semelhantes (I)

Começar

1: Calcular o histograma 3D, os momentos de cor e o correlograma de cores das imagens da base de dados para formar a base de dados de características

2: Calcular a wavelet de gabor e a wavelet de Haar das imagens da base de dados para formar a base de dados de características

3: Calcular o descritor de Fourier e a caraterística de circularidade das imagens da base de dados para formar a base de dados de características

4: Dar imagem de consulta e aplicar transformações

5: Calcular o histograma 3D, os momentos de cor e o correlograma de cor da imagem de consulta transformada

6: Calcular a wavelet de Gabor e a wavelet de Haar da imagem de consulta transformada

7: Calcular o descritor de Fourier e a caraterística de circularidade da imagem de consulta transformada.

8: Calcular o valor da medida de similaridade/distância

9: Recuperar as imagens de saída (I) com base na semelhança

10: Calcular as métricas de avaliação para avaliação do desempenho

Fim

3.5.4 Quadro CBIR baseado em características visuais e feedback de relevância usando a estratégia de melhoria de consulta (MLRF)

A partir daqui, o desempenho do sistema de recuperação de marcas registadas foi testado utilizando bases de dados de imagens de logótipos do FlickrLogos publicamente disponíveis.

Algoritmo:
Entrada: Imagens da base de dados e imagem de consulta
Saída: Imagens recuperadas semelhantes (I)
Começar

1: Extração de características das imagens da base de dados.

2: Fornecer a imagem de consulta ao sistema.

3: Extração de características da imagem de consulta (extração de características de cor, características de textura e características de forma).

4: Recuperação de imagens da base de dados semelhantes à imagem de consulta.

5: Receber feedback do utilizador para saber se as imagens recuperadas são relevantes ou não relevantes? (Feedback de relevância).

6: Categorizar em exemplos positivos (P) e negativos (N).

7: Determinar o ponto de consulta modificado ($novo_{qp}$) utilizando exemplos positivos.

8: Recuperação de imagens (I) da base de dados com base no novo ponto de consulta.

9: Repetir o processo iterativamente até obter a precisão desejada.

10: Calcular as métricas de avaliação para avaliação do desempenho

Fim

3.5.5 Quadro CBIR baseado em características visuais e feedback de relevância integrado com mapa auto-organizável (SOM) na fase de pré-processamento (CRF)

Algoritmo:
Entrada: Imagens da base de dados e imagem de consulta
Saída: Imagens recuperadas semelhantes (I)
Começar

1: Pré-processamento: das imagens do conjunto de dados
a) Extrair a caraterística de cor por:
i) Histograma de cor ii) Correlograma de cor iii) Momentos de cor
b) Extrair a caraterística de textura por:
i) Waveleta de Gabor ii) Waveleta de Haar
c) Extrair a caraterística de forma por:
i) Descritor de Fourier ii) Característica de circularidade
2: Treinar o mapa auto-organizado utilizando estes vectores de características
3: Fornecer a imagem de consulta ao sistema.

4: Extração de características da imagem de consulta (extração de características de cor, características de textura e características de forma).

5: Recuperação de imagens do conjunto de dados relevantes para a imagem de consulta.

6: Receber feedback do utilizador sobre se as imagens recuperadas são relevantes ou não relevantes? (Feedback de relevância)

7: Categorizar em imagens positivas (P) e negativas (N).

8: Determinar o ponto de consulta modificado (novo $)_{qp}$

9: Recuperação das imagens da base de dados como imagens de saída finais utilizando este novo ponto de consulta. (I)

10: Calcular as métricas de avaliação para avaliação do desempenho

Fim

3.5.6 Estrutura CBIR baseada em características visuais e feedback de relevância integrada com a otimização por enxame de partículas (PSO) e o mapa auto-organizável (SOM) na fase de pré-processamento (OCRF)

Algoritmo:

Entrada: Imagens da base de dados e imagem de consulta

Saída: Imagens recuperadas semelhantes (I)

Começar

1: *Pré-processamento: das imagens da base de dados*

a) Extrair a caraterística de cor por:

i) Histograma de cor ii) Correlograma de cor iii) Momentos de cor

b) Extrair a caraterística de textura por:

i) Waveleta de Gabor ii) Waveleta de Haar

c) Extrair a caraterística de forma por:

i) Descritor de Fourier ii) Característica de circularidade

2: *Aplicar a otimização por enxame de partículas*

Algoritmo PSO para determinar o conjunto de características optimizado (melhor)

3: *Implementar o SOM*

A base de dados com um conjunto de características optimizado é treinada utilizando o mapa auto-organizável

4: Introduzir *a imagem de consulta e extrair a caraterística*

Dar uma imagem de consulta como entrada para o sistema

Extrair a caraterística da imagem de entrada

5: *Recuperar* **imagens**

Identificar imagens da base de dados relevantes para a imagem de consulta

6: *Aceitar* **feedback**

Feedback do utilizador

A imagem é relevante ou não relevante
Se for caso disso
A imagem é classificada como positiva (P)
Além disso
A imagem é classificada como negativa (N)
Fim Se
7: *Executar o Ponto de Nova Consulta (NQP), o Desenvolvimento de Consulta (QDE) e a Reescrita de Consulta (QRW) para a consulta inicial (STL)*
8: *Gerar um registo de informações RF para as sessões de consulta seguintes (LTL)*
9: *Recuperar as imagens finais da* **base de dados**
Obter imagens relevantes finais (I) como resultado da utilização deste mecanismo de aprendizagem.
10: *Calcular as métricas de avaliação para avaliação do desempenho.*

Fim

3.5.7 Testar a robustez do sistema (OCRF) face a transformações geométricas (translação, rotação e escala)

Algoritmo:

Entrada: Imagens da base de dados e imagem de consulta
Saída: Imagens recuperadas semelhantes (I)
Começar

1: *Pré-processamento: das imagens da base de dados*
a) Extrair a caraterística de cor por:
i) Histograma de cor ii) Correlograma de cor iii) Momentos de cor
b) Extrair a caraterística de textura por:
i) Waveleta de Gabor ii) Waveleta de Haar
c) Extrair a caraterística de forma por:
i) Descritor de Fourier ii) Característica de circularidade
2: *Aplicar a otimização por enxame de partículas*
Algoritmo PSO para determinar o conjunto de características optimizado (melhor)
3: *Implementar o SOM*
A base de dados com um conjunto de características optimizado é treinada utilização do mapa auto-organizável
4: *Selecionar a imagem de consulta e aplicar* transformações
5: *Extrair características da imagem de consulta transformada e dar como entrada*
Extrair características da imagem transformada
Dar a imagem de consulta transformada como entrada para o sistema

6: *Recuperar* imagens
Identificar imagens da base de dados relevantes para a imagem de consulta
7: *Aceitar* reacções

Feedback do utilizador
A imagem é relevante ou não relevante
Se for caso disso
A imagem é classificada como positiva (P)
Além disso
A imagem é classificada como negativa (N)
Fim Se

8: Determinar o ponto de consulta modificado (novo $)_{qp}$

9: Recuperar imagens da base de dados

Recuperar imagens como imagens de saída relevantes (I) utilizando este novo ponto de consulta.

10: Calcular as métricas de avaliação para avaliação do desempenho

Fim

O diagrama de blocos pormenorizado da abordagem proposta (Módulo 1) é apresentado na Figura 3.5.

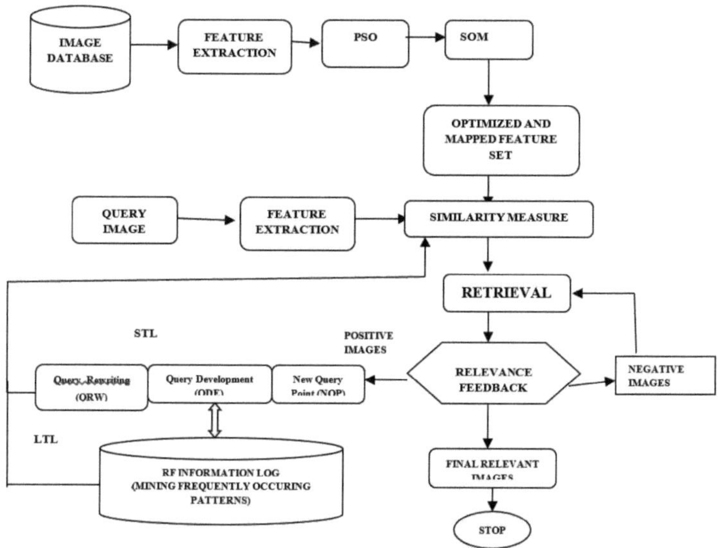

Figura 3.5: *Diagrama de blocos pormenorizado do quadro integrado proposto (Módulo1)*

3.6 ETAPAS DE IMPLEMENTAÇÃO NO MÓDULO2

3.6.1 Quadro CBIR integrando CNN profunda com feedback de relevância na fase de recuperação (IOCRF)

Os passos algorítmicos para o quadro sugerido podem ser dados da seguinte forma:

Entrada: Imagens da base de dados do conjunto de dados FlickrLogos e imagem de consulta

Resultado: São **recuperadas** as imagens I mais relevantes em relação à consulta dada

Algoritmo:

Começar

1. Implementar as técnicas de extração de características para as imagens da base de dados da seguinte forma e obter o conjunto de dados de características.

i) Para a cor:

a) Correlograma de cores b) Histograma de cores c) Momentos de cor

ii) Para a Textura:

a) Wavelet de Haar b) Wavelet de Gabor

iii) Para a forma:

a) Característica de circularidade b) Descritor de Fourier

2. Aplicar a otimização por enxame de partículas (PSO) ao conjunto de dados obtido no passo 1 para obter o conjunto de dados optimizado de características

3. Treinar o SOM com estas características optimizadas do conjunto de dados para formar os clusters

4. Dar a imagem de consulta

5. Implementar as técnicas de extração de características para a imagem de consulta semelhante às imagens da base de dados, como na etapa 1.

6. Recuperar as 20 imagens mais relevantes/similares da base de dados com base na semelhança/distância (por exemplo: distância euclidiana)

7. Agora, para cada imagem recuperada no passo 6, obter feedback como Relevante? Ou imagem não relevante?

Em caso afirmativo

Marcar imagem como relevante/positiva

Além disso

Marcar imagem como irrelevante/negativa

Fim Se

8. Obter o ponto de consulta modificado ($novo_{qpt}$) e guardar a informação de retorno no registo

9. Introduzir a informação de retorno na Deep CNN para a treinar com imagens relevantes e não relevantes

10. Obter as I melhores imagens relevantes para a consulta dada.

Fim

3.6.2 Etapas de implementação envolvidas na estrutura CBIR através da integração de CNN profunda para agrupamento na fase de pré-processamento e com feedback de relevância na fase de recuperação (IOCRF)

Entrada: Imagens da base de dados do conjunto de dados FlickrLogos e imagem de consulta

Resultado: São **recuperadas** as imagens I mais relevantes em relação à consulta dada
Algoritmo:
Começar

1. Implementar as técnicas de extração de características para as imagens da base de dados da seguinte forma e obter o conjunto de dados de características.

i) Para a cor:

a) Correlograma de cores b) Histograma de cores c) Momentos de cor

ii) Para a Textura:

a) Wavelet de Haar b) Wavelet de Gabor

iii) Para a forma:

a) Característica de circularidade b) Descritor de Fourier

2. Aplicar a otimização por enxame de partículas (PSO) ao conjunto de dados obtido no passo 1 para obter o conjunto de dados optimizado de características

3. Treinar a ***CNN profunda*** nestas características optimizadas do conjunto de dados para formar os clusters

4. Dar a imagem de consulta

5. Implementar as técnicas de extração de características para a imagem de consulta semelhante às imagens da base de dados, como na etapa 1.

6. Recuperar as 20 imagens mais relevantes/similares da base de dados com base na semelhança/distância (por exemplo: distância euclidiana)

7. Agora, para cada imagem recuperada no passo 6, obter feedback como Relevante? Ou imagem não relevante?

Em caso afirmativo

Marcar imagem como relevante/positiva

Além disso

Marcar imagem como irrelevante/negativa

Fim Se

8. Obter o ponto de consulta modificado ($novo_{qpt}$) e guardar a informação de retorno no registo

9. Introduzir a informação de retorno na Deep CNN para a treinar com imagens relevantes e não relevantes

10. Obter as I melhores imagens relevantes para a consulta dada.

Fim

O diagrama de blocos pormenorizado da abordagem proposta (Módulo2) é apresentado na Figura 3.6

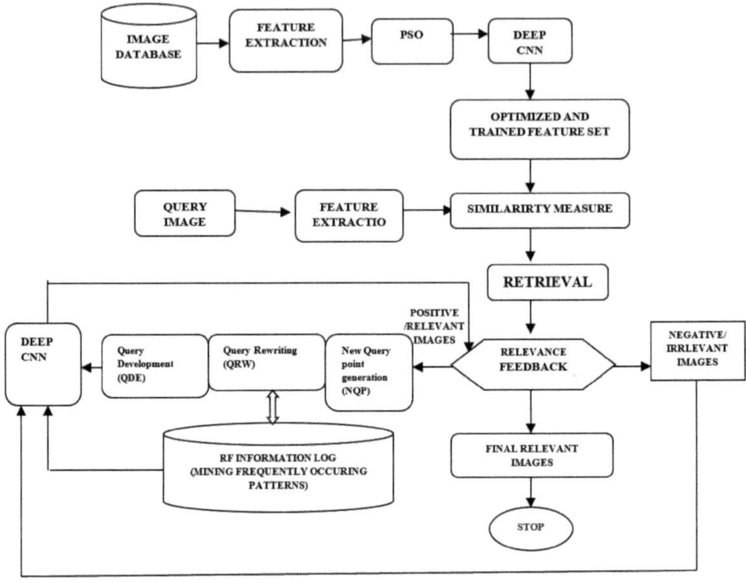

Figura 3.6: *Diagrama de blocos pormenorizado do quadro integrado proposto (Módulo2)*

CAPÍTULO 4
RESULTADOS E DEBATES

Este capítulo ilustra os vários resultados intermédios e finais obtidos após a implementação das várias fases nos módulos, tal como descrito no capítulo da metodologia proposta. A plataforma MATLAB R 2014a, versão de 32 bits, foi utilizada para a implementação do Módulo1 e do Módulo3. Já o Módulo2 foi experimentado com Python 3.6.

4.1 ANÁLISE DO DESEMPENHO: MÓDULO1

4.1.1 Resultados experimentais da estrutura CBIR baseada na extração de características de cor

Configuração experimental: A experiência inclui a apresentação de uma imagem de consulta e a recuperação de imagens de marcas registadas relevantes da base de dados, como se mostra na Figura 5.1, na Figura 5.2 e na Figura 5.3, respetivamente.

Foi utilizada uma base de dados de imagens com 3000 imagens de marcas registadas. Foram calculados o histograma 3D (HSV), os momentos de cor e o correlograma de cor da imagem de consulta e das imagens da base de dados. Depois de calcular o vetor de semelhança, as imagens de marcas comerciais mais relevantes foram recuperadas da base de dados com base neste valor de semelhança. Os resultados em termos de precisão e recuperação são apresentados na Tabela 4. 1 para a amostra de 10 imagens de consulta de marcas registadas.

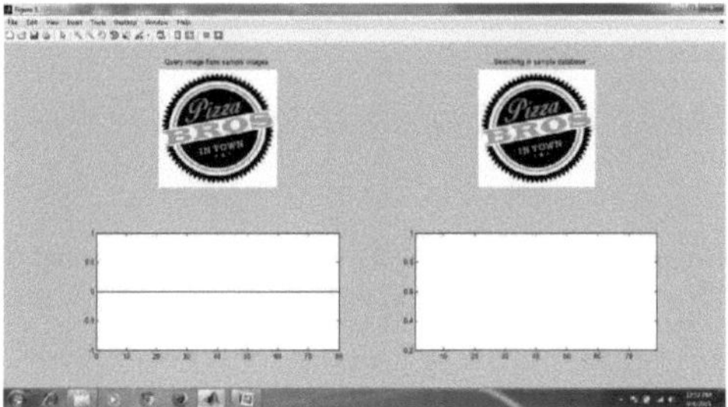

Figura 4.1: *Dar uma imagem de consulta*

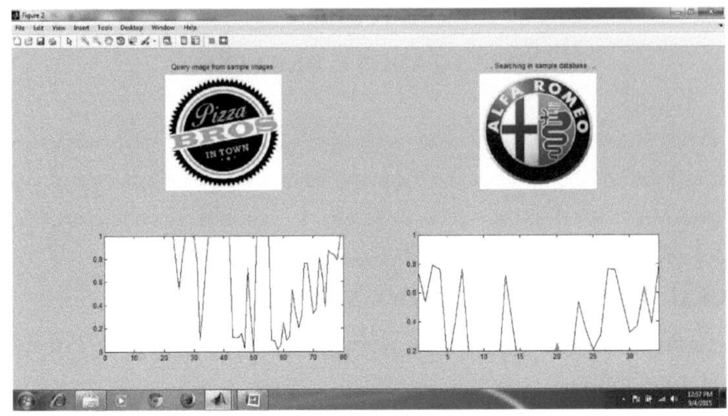

Figura 4.2: *Pesquisa de imagens semelhantes na* **base de dados**

Figura 4.3: *Saída de imagens recuperadas da base de dados com base no valor de similaridade*

Tabela 4.1: *Resultados da recuperação em termos de Precisão e Recuperação*

S NO	IMAGEM DE CONSULTA	PRECISÃO	RECORDAR	S NO	IMAGEM DE CONSULTA	PRECISÃO	RECORDAR
1		0.55	0.55	6		0.572	0.528
2		0.573	0.527	7		0.547	0.553
3		0.581	0.519	8		0.514	0.586
4		0.554	0.546	9		0.595	0.505
5		0.521	0.579	10		0.533	0.567
PRECISÃO MÉDIA = 0,554				**RECORDAÇÃO MÉDIA = 0,546**			

A Tabela 4.1 mostra que a recuperação de imagens relevantes/semelhantes com base apenas na caraterística da cor produziu resultados satisfatórios, mas os resultados precisavam de ser melhorados em termos de precisão e de recuperação. Assim, no conjunto de experiências seguinte, a recuperação de imagens de marcas registadas foi feita incorporando a caraterística de textura juntamente com a caraterística de cor no processo de extração de características.

4.1.2 Resultados experimentais da estrutura CBIR baseada na extração de características de cor e textura

As figuras seguintes, Figura 4.4, Figura 4.5 e Figura 4.6, descrevem o processo experimental deste módulo de implementação e a Tabela 4.2 representa os resultados da recuperação de uma amostra de 10 imagens de consulta de marcas registadas.

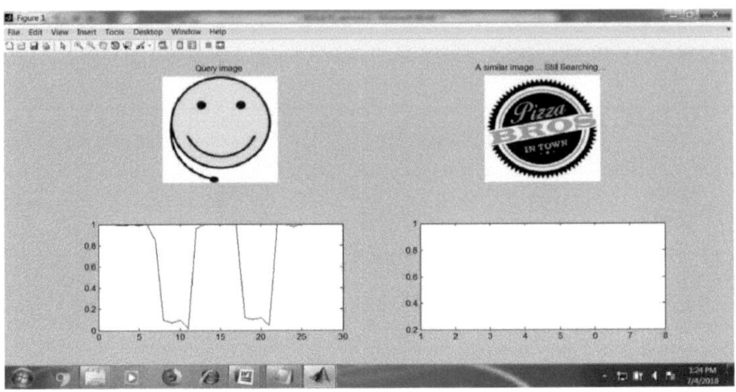

Figura 4.4: *Dar uma imagem de consulta*

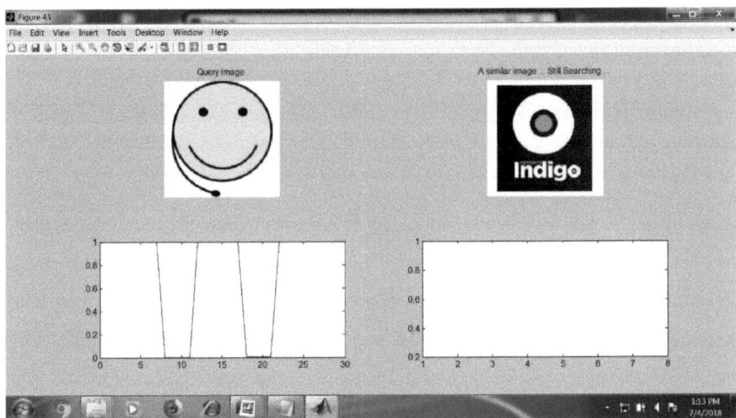

Figura 4.5: *Pesquisa de imagens semelhantes na base de dados*

Figura 4.6: *Saída de imagens recuperadas da base de dados com base no valor de similaridade*

Tabela 4.2: *Resultados da recuperação em termos de Precisão e Recuperação*

S NO	IMAGEM DE CONSULTA	PRECISÃO	RECORDAR	S NO	IMAGEM DE CONSULTA	PRECISÃO	RECORDAR
1	Pizza BROS IN TOWN	0.614	0.596	6	FOX HOUND	0.678	0.597
2	Adelaide Clean Solar	0.589	0.577	7		0.641	0.588
3	AEG	0.567	0.599	8	JURASSIC PARK THE RIDE	0.604	0.587
4		0.654	0.597	9	Rivelli 30anos	0.695	0.598
5	astra games	0.519	0.586	10		0.633	0.598
PRECISÃO MÉDIA = 0,619				**RECORDAÇÃO MÉDIA =0,592**			

A Tabela 4.2 comprova a melhoria dos resultados em termos de precisão e de recuperação após a incorporação da caraterística de textura com a cor, para a representação da imagem. Na fase seguinte, o desempenho da estrutura foi analisado tendo em conta as três características, ou seja, cor, textura e forma, para a representação e recuperação de imagens.

4.1.3 Resultados experimentais da estrutura CBIR baseada em técnicas de extração de características visuais (extração de características de cor, textura e forma)

Configuração experimental: Para introduzir variações entre as imagens de treino e de teste, foram aplicadas transformações a cada uma das imagens de consulta, nomeadamente um fator de rotação de 35°, um fator de escala de 0,5 e a translação da imagem, deslocando-a 15 pixels na direção X e 25 pixels na direção Y. Os resultados em termos de precisão e de recuperação estão tabulados na Tabela 4.3 para a amostra de 20 imagens de consulta de marcas registadas.

As etapas experimentais incluem a apresentação de uma imagem de consulta, a aplicação da transformação e a recuperação de imagens de marcas registadas relevantes da base de dados, como se mostra na Figura 4.7, na Figura 4.8 e na Figura 4.9, respetivamente.

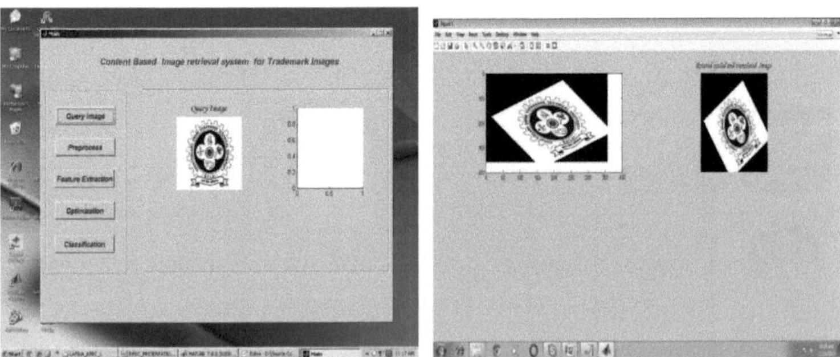

Figura 4.7: *Dar uma imagem de consulta* **Figura 4.8:** *Imagem de consulta transformada (com rotação, escala e translação)*

Figura 4.9: *Saída de imagens relevantes recuperadas da base de dados*

Tabela 4.3: *Precisão e Recuperação para a amostra de 20 imagens de consulta*

S NO	IMAGEM DE CONSULTA	PRECISÃO	RECORDAR	S NO	IMAGEM DE CONSULTA	PRECISÃO	RECORDAR
1		0.726	0.596	11	Disney	0.675	0.623
2		0.759	0.565	12	Signature	0.702	0.630
3		0.686	0.651	13		0.733	0.598
4	Infosys	0.758	0.540	14	in	0.873	0.814
5		0.444	0.627	15	talk	0.693	0.623
6		0.703	0.578	16		0.530	0.690
7	iGATE	0.651	0.647	17	WhatsApp	0.854	0.495
8	ŠKODA	0.669	0.584	18	hike	0.854	0.500
9	BenQ	0.601	0.612	19		0.559	0.695
10	Microsoft	0.742	0.567	20	Sun	0.870	0.552
PRECISÃO MÉDIA = 0,704					**RECORDAÇÃO MÉDIA = 0,609**		

A Tabela 4.3 provou uma melhoria nos resultados de recuperação, quando as três características ou seja, a cor, a textura e a forma foram tidas em consideração para a representação das características. A fase de implementação seguinte analisou o impacto da incorporação do feedback de relevância com a estrutura baseada na extração de características.

4.1.4 Resultados experimentais da estrutura CBIR baseada na extração de características visuais e no feedback de relevância utilizando a estratégia de melhoria da consulta (MLRF)

Configuração experimental: Para a experimentação, foram utilizadas as bases de dados de imagens de logótipos FlickrLogos-27 e FlickrLogos-32. A base de dados de vectores de características foi formada pela extração de características de cor, textura e forma. A distância euclidiana foi utilizada para medir a semelhança entre a imagem de consulta e as imagens da base de dados. O processo de implementação consistiu em fornecer uma imagem de consulta, extrair as características da imagem de consulta, recuperar imagens de marcas comerciais relevantes da base de dados, obter feedback do utilizador sobre a relevância das imagens recuperadas e, por fim, recuperar as imagens relevantes com base no feedback dado pelo utilizador e no novo ponto de consulta, conforme representado nas Figuras 4.10, 4.11, 4.12 e 4.13, respetivamente.

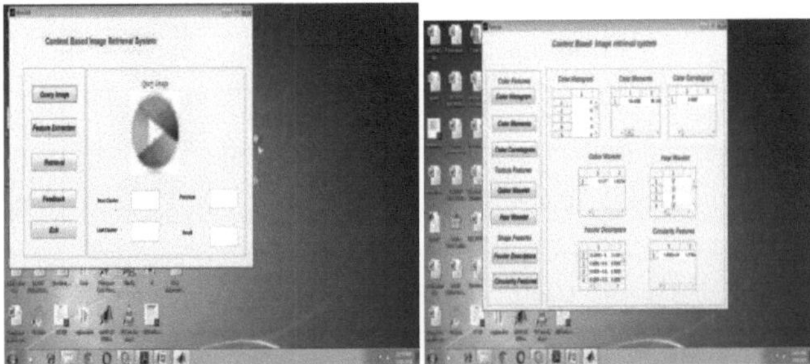

Figura 4.10: *Dar uma imagem de consulta* **Figura 4.11:** *Extração de características da imagem de consulta*

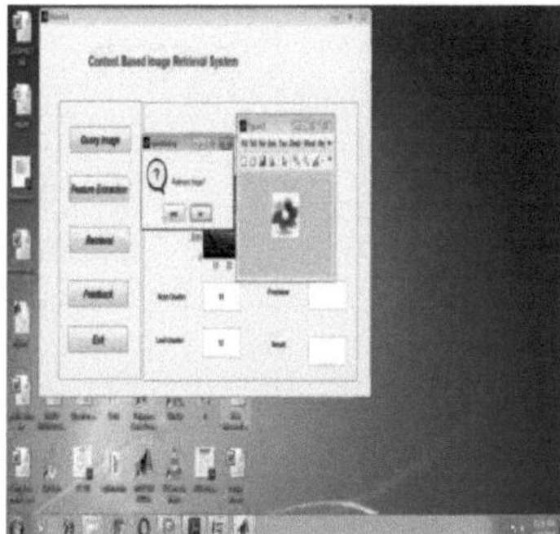

Figura 4.12: *Obter feedback do utilizador sobre a relevância das imagens de saída*

Figura 4.13: *Imagens recuperadas após feedback*

A Tabela 4.4 representa os resultados de recuperação da estrutura, após a incorporação da abordagem RF.

Tabela 4.4: *Precisão e Recuperação para a amostra de 10 imagens de consulta*

SN O	IMAGEM DE CONSULTA	PRECISÃ O	RECORDA R	SN O	IMAGEM DE CONSULT A	PRECISÃ O	RECORDA R
1		0.871	0.768	6		0.881	0.854
2		0.503	0.792	7		0.817	0.878

3		0.910	0.840	8		0.813	0.883
4		0.821	0.866	9		0.832	0.734
5		0.879	0.875	10		0.864	0.829
PRECISÃO MÉDIA = 0,819				**RECORDAÇÃO MÉDIA = 0,832**			

A comparação dos resultados obtidos após a incorporação da abordagem proposta de Feedback de Relevância e a abordagem convencional de CBIR (extração de características visuais) foi feita e é mostrada para algumas imagens de consulta de amostra na Tabela 4.5

Tabela 4.5: *Comparação dos resultados da abordagem proposta com a abordagem convencional*

S NO.	IMAGEM DE CONSULTA	ABORDAGEM PROPOSTA (MLRF)		ABORDAGEM CONVENCIONAL	
		PRECISÃO	RECORDAR	PRECISÃO	RECORDAR
1		0.910	0.840	0.842	0.510
2		0.821	0.866	0.716	0.472
3		0.922	0.798	0.886	0.581
4		0.864	0.829	0.837	0.494
5		0.813	0.783	0.796	0.517
6		0.832	0.734	0.831	0.561
7		0.879	0.875	0.855	0.456

8		0.881	0.858	0.857	0.574
9		0.817	0.878	0.831	0.552

A Tabela 4.5 revela que o desempenho de recuperação do sistema proposto (MLRF) foi melhorado em comparação com a abordagem convencional da CBIR utilizada para a recuperação de imagens de marcas registadas.

4.1.5 Testar a robustez da estrutura CBIR baseada na extração de características visuais e no feedback de relevância utilizando a estratégia de melhoria da consulta

Instalação experimental:

Para testar a robustez do quadro concebido, foram aplicadas transformações a cada uma das imagens de consulta, nomeadamente rotação, escala e translação da imagem, deslocando a imagem em número de pixels na direção X e na direção Y (designadas por translateX e translateY na GUI). Estes valores do fator de transformação foram obtidos do utilizador na GUI concebida para tornar o sistema robusto contra estas transformações. A imagem de consulta transformada de entrada, as 20 imagens mais relevantes recuperadas antes do feedback de relevância (RF) e as imagens finais recuperadas depois de receber o feedback de relevância do utilizador são mostradas na Figura 4.14, na Figura 4.15 e na Figura 4.16, respetivamente.

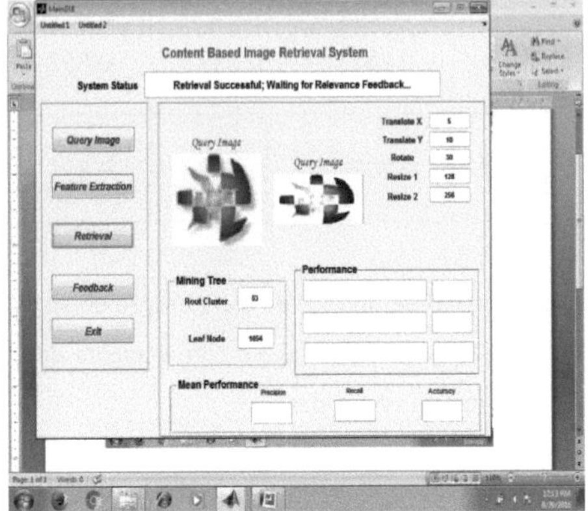

Figura 4.14: *Obtenção da imagem de consulta transformada com os factores de transformação fornecidos*

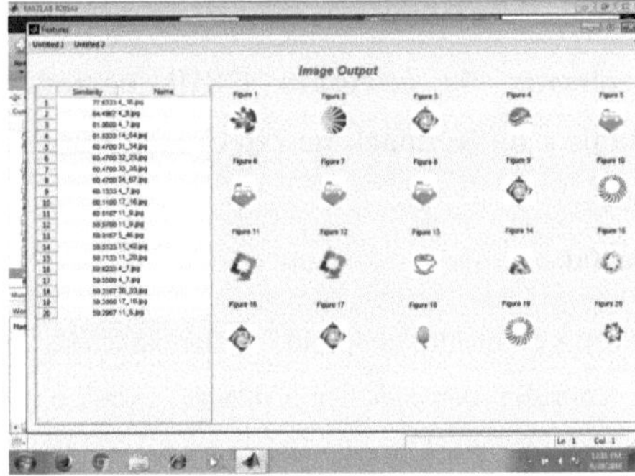

Figura 4.15: *As 20 imagens mais relevantes recuperadas para a imagem de consulta de amostra com a sua semelhança (%) (antes do feedback de relevância)*

Figura 4.16: *Imagens recuperadas finais com referência à imagem de consulta de amostra (após feedback de relevância)*

A imagem de consulta dada foi testada para os vários conjuntos de transformações e os resultados são apresentados na Tabela 5.6. A semelhança (%) da cor, da textura e da forma das imagens recuperadas no final (após RF) foi calculada com referência à imagem de consulta dada para o primeiro conjunto de transformações, como indicado no quadro 4.6, e é apresentada no quadro 4.7. Su et al. (2011) propuseram o feedback de relevância, baseado na extração de padrões de navegação e no esquema de modificação da consulta. A Tabela 4.8 apresenta a comparação da abordagem proposta com a de Su et al. (2011). (Todos os resultados apresentados dizem respeito ao conjunto de dados FlickrLogos-32).

Tabela 4.6: *Resultados em termos de precisão, recuperação e exatidão com a imagem de consulta transformada*

IMAGEM	FACTORES DE TRANSFORMAÇÃO (TRANSLAÇÃO, ROTAÇÃO, ESCALA)	PRECSÃO	RECORDAR	EXACTIDÃO(%)
	TraduzirX :5 TraduzirY:10 Rodar :30^0 Redimensionar:128X256	0.928	0.667	91.89
	TraduzirX :10 TraduzirY:10 Rodar :60^0 Redimensionar: 256X128	0.910	0.691	90.32
	TraduzirX :10 TraduzirY:5 Rodar :90^0 Redimensionar:128X128	0.903	0.899	91.01
	TraduzirX :10 TraduzirY:10 Rodar :120^0 Redimensionar:128X256	0.920	0.813	91.01
Média		**0.922**	**0.767**	**91.05**

Tabela 4.7: *Cor, textura e semelhança de forma em relação à imagem de consulta de amostra para o primeiro conjunto de Transformação dado na tabela acima. (Tabela 4.6)*

S. Não.	Imagem recuperada	Semelhança de cores (%)	Similaridade de textura (%)	Similaridade de forma (%)	S. Não.	Imagem recuperada	Semelhança de cores (%)	Similaridade de textura (%)	Similaridade de forma (%)
1		89.54	87.58	97.50	6		49.98	75.76	72.76
2		57.08	81.75	73.47	7		53.18	78.89	71.83
3		52.24	82.65	79.10	8		51.88	75.58	69.91
4		50.21	78.43	71.08	9		49.89	69.47	68.17
5		51.38	79.01	74.09					

Tabela 4.8: *Comparação de Su et al. (2011) com a abordagem proposta*

S N.º.	MÉTODO	PARÂMETRO		
		CONJUNTO DE DADOS UTILIZADO	PRECISÃO	TEMPO DE EXECUÇÃO
1	Su et al. (2011)	7 classes de diferentes categorias com 200 imagens cada (1400 Imagens)	0.910	1,184667 seg. (para cada classe de 200 imagens)
2	Abordagem proposta (MLRF)	a) FlickrLogos- 27 Dataset b) FlickrLogos- 32 Dataset	a) 0.931 b) 0.922	a) 1,1 min. b) 1,7 min.

Como se pode ver na Tabela 4.8, a abordagem proposta estava a dar melhores resultados em termos de precisão, mas o tempo necessário para a recuperação era maior. Por isso, a preocupação adicional era reduzir o tempo necessário para a recuperação.

4.1.6 Resultados experimentais da estrutura CBIR baseada em características visuais e feedback de relevância integrado com o mapa auto-organizável (SOM) na fase de pré-processamento. (CRF)

Os resultados em termos de precisão e recuperação para a amostra de 10 imagens de consulta são apresentados na Tabela 4.9. A Tabela 4.10 apresenta a comparação da abordagem proposta com Su et al. (2011).

Tabela 4.9: *Resultados em termos de precisão e recuperação para a amostra de 10 imagens de consulta*

S NO	IMAGEM DE CONSULTA	PRECISÃO	RECORDAR	S NO	IMAGEM DE CONSULTA	PRECISÃO	RECORDAR
1		0.956	0.712	6	ŠKODA	0.948	0.696
2	Sun microsystems	0.952	0.771	7	Microsoft	0.957	0.798
3	Infosys	0.958	0.726	8	Disney	0.964	0.732
4	hike	0.974	0.810	9	Signature	0.969	0.7648
5	iGATE	0.962	0.753	10	adidas	0.959	0.725
PRECISÃO MÉDIA = 0,960				**MÉDIA DE RECUPERAÇÃO= 0,749**			

Tabela 4.10: *Comparação de Su et al. (2011) com a abordagem proposta*

S NO.	MÉTODO	PARÂMETRO		
		CONJUNTO DE DADOS UTILIZADO	PRECISÃO	TEMPO DE EXECUÇÃO
1	Su et al.(2011) (Utilizando apenas RF)	7 classes de diferentes categorias com 200 imagens cada (1400 imagens)	0.910	1,184667 seg. (para cada classe de 200 imagens)
2	Abordagem proposta (CRF)	FlickrLogos- 32 Conjunto de dados	0.9603	1,2 min (para o total de imagens do conjunto de dados)

O desempenho da abordagem proposta foi melhorado após a integração do SOM com a técnica de RF. O valor da precisão foi consideravelmente melhorado, como mostra a Tabela 4.9. No entanto, era necessário continuar a melhorar para reduzir o tempo de execução exigido pela estrutura.

4.1.7 Resultados experimentais da estrutura CBIR baseada em características visuais e feedback de relevância integrada com a otimização por enxame de partículas (PSO) e o mapa auto-organizável (SOM) na fase de pré-processamento. (OCRF)

Configuração experimental: A experimentação foi efectuada utilizando os conjuntos de dados FlickrLogos-27 e FlickrLogos-32 disponíveis publicamente. O algoritmo de otimização por enxame de partículas optimizou o espaço de características com um número total de características de 598 para um número selecionado de características (melhores características) de 315 e um número total de características de 4615 para um número selecionado de características (melhores características) de 2310 para o conjunto de dados FlickrLogos-27 e FlickrLogos-32, respetivamente. O conjunto de características optimizado pelo PSO foi dado como entrada para o SOM. O SOM organizou estas características em classes/clusters. Quando a consulta foi dada ao sistema, os 3 principais clusters/classes relevantes foram identificados utilizando a média das características das imagens no cluster e a distância euclidiana. A pesquisa de imagens relevantes foi efectuada apenas nestes 3 clusters e as 10 imagens mais relevantes foram recuperadas.

Resultados da recuperação:

A correspondência exacta da imagem de consulta pode estar ou não presente na base de dados. No segundo caso, a imagem de consulta pode ser aprovada como novo logótipo de marca registada. As dez melhores imagens recuperadas para uma imagem de entrada em ambos os casos são apresentadas na Tabela 4.11 e na Tabela 4.12.

Tabela 4.11: *Imagem de consulta da base de dados e 10 imagens de saída recuperadas com o conjunto de dados FlickrLogos-32*

IMAGEM DE CONSULTA	IMAGENS RECUPERADAS DO TOP10				

Tabela 4.12: *Imagem de consulta não presente na base de dados e 10 imagens recuperadas com o conjunto de dados FlickrLogos-32*

IMAGEM DE CONSULTA	IMAGENS RECUPERADAS DO TOP10				

Os resultados da recuperação para a amostra de 10 imagens de consulta são apresentados na Tabela 4.13. A Tabela 4.14 apresenta a comparação da abordagem proposta com Su et al. (2011). Iandola et al. (2015) experimentaram a CNN profunda utilizando a base de dados FlickrLogos-32 para a recuperação de imagens de logótipos. A comparação da abordagem proposta com Iandola et al. (2015) é apresentada na Tabela 4.15.

Tabela 4.13: *Resultados da recuperação de amostras de 10 imagens de consulta com o conjunto de dados FlickrLogos-32*

SNO	IMAGEM DE CONSULTA	PRECISÃO	RECORDAR	EXACTIDÃO (%)
1		0.967	0.881	90.81
2		0.952	0.881	90.92
3		0.951	0.886	90.6
4		0.970	0.870	90.9
5		0.958	0.873	90.77

6		0.971	0.896	90.71
7		0.950	0.898	90.97
8		0.969	0.882	91.81
9	Nestlé	0.952	0.894	91.76
10	Linux	0.951	0.895	91.54

Tabela 4.14: *Comparação de Su et al. (2011) com a abordagem proposta*

S NO.	MÉTODO	CONJUNTO DE DADOS UTILIZADO	PARÂMETRO		
			PRECISÃO	RECORDAR	TEMPO DE EXECUÇÃO
1	Su et al.(2011)	7 classes de diferentes categorias com 200 imagens cada (1400 imagens)	0.910	----	1,184667 seg. (para cada classe de 200 imagens)
2	Quadro de referência (MLRF)	a)Conjunto de dados FlickrLogos-27 b)Conjunto de dados FlickrLogos-32	a) 0.935 b) 0.921	a) 0.721 b)0.768	a) 1,0 min b) 2,1 min
3	Abordagem proposta (OCRF)	a)FlickrLogos-27 Dataset b)FlickrLogos-32 Dataset	a) 0.957 b) 0.954	a)0.851 b)0.886	a) 0,4 min b) 0,6 min

A Tabela 4.14 revelou que o desempenho do sistema melhorou significativamente após a integração do algoritmo PSO e SOM com a estrutura de base baseada em RF (MLRF). O novo modelo melhorado utilizou as técnicas PSO e SOM para otimização e agrupamento de dados. As despesas gerais incorridas devido à implementação destas técnicas resultaram num custo único, mas numa redução do espaço de pesquisa. Devido a isso, o tempo de execução diminuiu 60 % e 71,42 % para o conjunto de dados FlickrLogos-

27 e FlickrLogos-32, respetivamente, em comparação com o modelo de base (MLRF). Além disso, os valores de precisão e de recuperação obtidos foram melhores do que os do modelo de base, como indicado na tabela.

Tabela 4.15: *Comparação de Iandola et al. (2015) com a abordagem proposta*

S NO.	MÉTODO	CONJUNTO DE DADOS UTILIZADO	PARÂMETRO	
			PRECISÃO MÉDIA MÉDIA	ACURACIA
1.	Iandola et al.(2015) a)FRCN+AlexNet b)FRCN+VGG16	Conjunto de dados FlickrLogos-32	a) 73.5% b) 74.4%	89,6% (*mais elevado com a arquitetura GoogLeNet-GP)*
2.	Abordagem proposta (OCRF)	Conjunto de dados do FlickrLogos-27	95.7%	91.0%
3.	Abordagem proposta (OCRF)	Conjunto de dados FlickrLogos-32	95.4%	91.1%

Atualmente, a aprendizagem automática é amplamente utilizada no domínio dos mecanismos de CBIR e de reconhecimento de padrões. O quadro proposto foi concebido através da implementação da otimização e da aprendizagem não supervisionada (SOM) como fase de pré-processamento. Além disso, a abordagem RF foi integrada com mecanismos de aprendizagem automática como STL e LTL. A abordagem proposta melhorou significativamente os resultados da recuperação, como mostra a Tabela 4.15.

4.1.8 Testar a robustez da estrutura (OCRF) face a transformações geométricas (translação, rotação e escala)

Configuração experimental: A experimentação foi efectuada utilizando o conjunto de dados FlickrLogos-32 PLUS. O algoritmo de otimização por enxame de partículas optimizou o espaço de características com um número total de características de 5034 e um número selecionado de características (melhores características) de 2519.

O sistema começou por devolver as 20 imagens mais relevantes da base de dados. O utilizador recebeu feedback sobre estas 20 imagens recuperadas. Finalmente, as 9 imagens mais relevantes com base na semelhança de cor, textura e forma foram recuperadas como resultado.

Para testar a robustez, foram aplicadas transformações a cada uma das imagens de consulta, nomeadamente a rotação, a escala e a translação da imagem, deslocando a imagem em número de pixels na direção X e na direção Y (designadas por translateX e translateY).

Resultados da recuperação:

A imagem de consulta transformada de entrada com os factores de transformação como: TranslateX =5,TranslateY=10,Rotatation angle=30^0 e escalonamento para o tamanho 128X256 e as imagens finais recuperadas com base na semelhança de cor, textura e forma são apresentadas na Tabela 4.16, Tabela 4.17 e Tabela 4.18, respetivamente.

Tabela 4.16: *Imagens recuperadas de saída final com base na semelhança de cores*

IMAGEM DE CONSULTA TRANSFORMADA DE ENTRADA	SAÍDA DE IMAGENS RECUPERADAS COM BASE NA SEMELHANÇA DE CORES				
			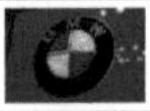		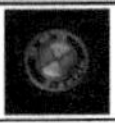

Tabela 4.17: *Imagens recuperadas do resultado final com base na semelhança de texturas*

IMAGEM DE CONSULTA TRANSFORMADA DE ENTRADA	SAÍDA DE IMAGENS RECUPERADAS COM BASE NA SEMELHANÇA DE TEXTURAS				

	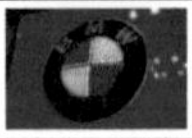		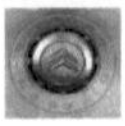		

Tabela 4.18: *Imagens recuperadas de saída final com base na semelhança de formas*

IMAGEM DE CONSULTA TRANSFORMADA DE ENTRADA	SAÍDA DE IMAGENS RECUPERADAS COM BASE NA SEMELHANÇA DE FORMAS				
					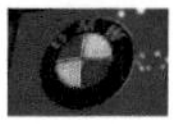
		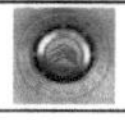			

Os resultados experimentais para a imagem de consulta de amostra, para diferentes conjuntos de factores de transformação, são apresentados na Tabela 4.19. A semelhança (%) também foi calculada em termos de cor, textura e forma das 9 melhores imagens recuperadas, como mostra a Tabela 4.20. A Tabela 4.21 apresenta a comparação da abordagem proposta com Su et al.(2011). Bao et al. (2016) também experimentaram a recuperação de imagens de logótipos através de CNN profunda utilizando a base de dados FlickrLogos-32. A comparação de Iandola et al.(2015) e Bao et al. (2016) com a abordagem proposta está representada na Tabela 4.22.

Tabela 4.19: *Resultados da recuperação com a imagem de consulta transformada*

IMAGEM DE CONSULTA	FACTORES DE TRANSFORMAÇÃO (TRANSLAÇÃO, ROTAÇÃO, ESCALA)	PRECSÃO	RECORDAR	PRECISÃO (%)
	Traduzir X :5 Traduzir Y:10 Rodar :30^0 Redimensionar:128X256	0.962	0.916	92.81
	Transl ateX :10 TraduzirY:10 Rodar :60^0 Redimensionar: 256X128	0.973	0.901	93.47
	TraduzirX :10 TraduzirY:5 Rodar :90^0 Redimensionar:128X128	0.969	0.931	92.98
	TraduzirX :10 TraduzirY:10 Rodar :120^0 Redimensionar:128X256	0.969	0.896	93.22
Média		0.968	0.911	93.12

Tabela 4.20: *Cor, textura e semelhança de forma em relação à imagem de consulta de amostra*

S. NÃO	IMAGEM RECUPERADA DE SAÍDA	SEMELHANÇA DE CORES (%)	SEMELHANÇA DE TEXTURA (%)	SEMELHANÇA DE FORMAS (%)
1		100	100	100
2		85.284	87.033	95.654
3		81.605	83.126	94.12
4	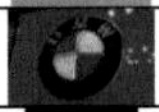	80.769	85.012	93.561
5	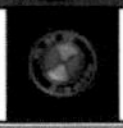	78.721	83.117	89.274
6		72.214	86.813	85.891
7		72.661	86.929	80.721
8		69.939	84.862	78.632
9		65.127	82.321	75.519

Tabela 4.21: *Comparação de Su et al. (2011) com a abordagem proposta*

S NO.	MÉTODO	CONJUNTO DE DADOS UTILIZADO	PARÂMETRO		
			PRECISÃO	RECORDAR	TEMPO DE EXECUÇÃO
1	Su et al. (2011)	7 classes de diferentes categorias com 200 imagens cada (1400 imagens)	0.910	----	1,184667 seg. (para cada classe de 200 imagens)
2	Quadro de referência (MLRF) (com transformações na consulta Imagem)	Conjunto de dados do FlickrLogos-32 PLUS	0.938	0.897	1,6 min.

3	Abordagem proposta (OCRF) (com transformações após consulta Imagem)	Conjunto de dados do FlickrLogos-32 PLUS	0.968	0.911	0,5 min.

A comparação na Tabela 4.21 ilustra que o desempenho da estrutura melhorou consideravelmente após a integração da estratégia PSO e SOM na fase de pré-processamento com a estrutura de base baseada em RF (MLRF). A implementação destas técnicas implicou um custo de tempo, mas resultou na redução do espaço de pesquisa, pelo que o tempo de execução diminuiu 68,75%, em comparação com o modelo de base (MLRF).

Tabela 4.22: *Comparação de Iandola et al.(2015) e Bao et al.(2016) com a abordagem proposta*

S NO.	MÉTODO	CONJUNTO DE DADOS UTILIZADO	PARÂMETRO	
			PRECISÃO MÉDIA MÉDIA	ACURACIA
1.	Iandola et al.(2015) a)FRCN+AlexNet b)FRCN+VGG16	Conjunto de dados FlickrLogos-32	a) 73.5% b) 74.4%	89,6% (*mais elevado com a arquitetura GoogLeNet-GP)*
2.	Bao et al. (2016)	Conjunto de dados FlickrLogos-32	84.2%	----
3.	Abordagem proposta (OCRF)	Conjunto de dados do FlickrLogos-32 PLUS	96.8%	93.12%

A abordagem proposta foi comparada com os trabalhos recentes baseados em mecanismos de aprendizagem profunda sugeridos por Iandola et al. (2015) e Bao et al. (2016) para o reconhecimento e a recuperação de marcas registadas. Como mostra a Tabela 5.22, o desempenho do método proposto (OCRF) foi muito melhor do que os outros dois métodos existentes. Para obter mais refinamento nos resultados da recuperação, a CNN profunda foi integrada neste quadro integrado.

4.1.9 Análise da complexidade temporal do quadro (Módulo1-OCRF)

A complexidade temporal do algoritmo PSO é O ($2ns+n^2+2ns$), em que n é o número de partículas e s é a dimensão do espaço de pesquisa. A complexidade temporal do algoritmo SOM é O (p^2); em que p é a dimensão da amostra dada como entrada. Os custos de tempo e de memória do algoritmo RF são lineares com a dimensão total das características (Su et al., 2003).

A complexidade temporal do algoritmo RF é dada por:

$$\sum_{j=1}^{n} O(\text{total number of images} * m_j) = O(\text{total number of images}) * M$$

Em que $M = \sum_{j=1}^{n} m_j$

Onde m_j é a dimensão da caraterística j.

A complexidade temporal total do algoritmo proposto é dada por T = T1+T2+T3

Onde T1, T2 e T3 são a complexidade temporal dos algoritmos PSO, SOM e RF, respetivamente. T1 e T2 são o custo único, ou seja, na fase de pré-processamento, e T3 incorre em cada sessão de consulta. O tempo de execução exigido pelo sistema é de 1,6 minutos sem otimização e aprendizagem; enquanto que, após a implementação das técnicas de otimização e aprendizagem, são necessários 0,5 minutos, como mostra a Tabela 5.21. A técnica de otimização reduz o espaço de pesquisa em 49,96%, a que se segue o agrupamento utilizando o SOM, reduzindo assim o tempo de execução global do algoritmo em 68,75%.

4.2 MÓDULO DE ANÁLISE DE DESEMPENHO2

4.2.1 Resultados experimentais da estrutura CBIR através da integração da CNN profunda com feedback de relevância na fase de recuperação (IOCRF)

Configuração experimental: O conjunto de dados utilizado para testar o quadro foi a base de dados FlickrLogos-27, FlickrLogos-32 e FlickrLogos-32 PLUS. A otimização das características da base de dados de 598 para as melhores características como 315, 4615 para o número selecionado das melhores características como 2310 e 5034 para o melhor número de características 2519 é feita através do algoritmo de otimização por enxame de partículas para a base de dados FlickrLogos-27, FlickrLogos-32 e FlickrLogos-32 PLUS, respetivamente. Estas características optimizadas foram introduzidas no SOM para aprendizagem. As classes/clusters foram formados pelo SOM utilizando estas características optimizadas. Os três clusters mais relevantes foram reconhecidos pelo sistema para uma determinada consulta, calculando a média das características das imagens dentro do cluster e a distância euclidiana entre elas. Estes três clusters foram procurados por imagens relevantes.

Em primeiro lugar, o sistema devolveu 20 imagens relevantes/similares com base na semelhança. Para cada consulta, foram executadas 10 iterações de RF. Para cada iteração de RF, o feedback do utilizador foi recolhido sobre 2 imagens por feedback, como relevantes ou irrelevantes. As camadas da CNN foram inicializadas através dos parâmetros do modelo CaffeNet, exceto a FC8; substituída por uma camada de classificação modificada que descreve as etiquetas do conjunto de dados. O trabalho proposto utilizou 10 imagens como relevantes e 10 como irrelevantes para refinar o modelo. O valor do parâmetro β (Equação n.º 3.28 e Equação n.º 3.29) foi fixado em 0,2 e o treino do modelo foi efectuado durante 1 época por cada iteração de RF. As imagens de saída finais recuperadas foram as 9 imagens mais relevantes.

A Tabela 4.23 representa a matriz de confusão formada para uma imagem de consulta de amostra. Os resultados finais da recuperação de uma determinada consulta utilizando a influência da CNN profunda são apresentados na Tabela 4.24. A comparação da abordagem proposta (IOCRF) com as abordagens baseadas apenas em RF e baseadas apenas em aprendizagem profunda é apresentada na Tabela 4.25 e na Tabela 4.26.

Tabela 4.23: *Matriz de confusão formada para uma imagem de consulta de amostra*

Amostra Imagem de consulta		Previsto Positivo	Previsto Negativo
	Observado como positivo	TP = 9	FN = 1
	Observado como negativo	PF =1	TN = 9

Tabela 4.24: *Resultados da recuperação de 10 imagens dadas como consulta (base de dados FlickrLogos-32 PLUS)*

S NO	IMAGEM DE CONSULTA	PRECISÃO	RECORDAR	EXACTIDÃO (%)	F-SCORE$_1$	S NO	IMAGEM DE CONSULTA	PRECISÃO	RECORDAR	ACURACIA (%)	F-SCORE$_1$
1		0.901	0.901	90.01	0.901	6		0.981	0.942	93.71	0.96
2		0.975	0.922	93.58	0.947	7		0.945	0.917	92.97	0.928
3		0.967	0.918	93.86	0.941	8		0.979	0.932	94.81	0.954
4		0.980	0.940	94.59	0.959	9		0.982	0.948	94.76	0.964
5		0.964	0.946	94.77	0.954	10		0.988	0.979	94.54	0.983

Tabela 4.25: *Comparação do quadro sugerido (IOCRF) com Su et al. (2011)*

S NO.	METODOLOGIA	BASE DE DADOS	PARÂMETRO	
			PRECISÃO	RECORDAR
1	Su et al.(2011)	7 classes de diferentes categorias com 200 imagens cada (1400 imagens)	0.910	----
2	Quadro utilizando apenas a RF(**MLRF**)	Base de dados FlickrLogos-27	0.905	0.721
		Base de dados FlickrLogos-32	0.921	0.768
		Base de dados FlickrLogos-32 PLUS	0.935	0.898
3	Quadro sugerido **(IOCRF)**	Base de dados FlickrLogos-27	0.967	0.865
		Base de dados FlickrLogos-32	0.958	0.887
		Base de dados FlickrLogos-32 PLUS	0.973	0.939

A Tabela 4.25 mostra os melhores resultados de recuperação do método através da integração da Deep CNN com RF. As técnicas de otimização (PSO) e de agrupamento (SOM) aplicadas anteriormente na fase de pré-processamento reduziram o espaço de pesquisa e, por conseguinte, a complexidade do quadro.

Tabela 4.26: *Comparação das abordagens de Iandola et al. (2015) e Bao et al. (2016) com a estrutura sugerida (IOCRF)*

S NO.	METODOLOGIA	BASE DE DADOS	PARÂMETRO	
			PRECISÃO MÉDIA MÉDIA	ACURACIA
1.	Iandola et al.(2015) a)FRCN+AlexNet b)FRCN+VGG16	Base de dados FlickrLogos-32	a) 73.5% b) 74.4%	89,6% (*máximo com a arquitetura*

				GoogLeNet-GP)
2.	Bao et al. (2016)	Base de dados FlickrLogos-32	84.2%	----
3.	Quadro sugerido **(IOCRF)**	Base de dados FlickrLogos-27	96.71 %	91.04 %
		Base de dados FlickrLogos-32	95.84 %	91.23 %
		Base de dados FlickrLogos-32 PLUS	97.36 %	94.14 %

A comparação na Tabela 4.26 provou a melhoria dos resultados de recuperação com a integração da CNN profunda na RF, quando comparada com os outros dois modelos baseados apenas na aprendizagem profunda.

4.2.2 Resultados experimentais da estrutura CBIR integrando CNN profunda para agrupamento na fase de pré-processamento e com feedback de relevância na fase de recuperação (IOCRF)

As 10 imagens de exemplo utilizadas como consulta para a experimentação e os resultados de recuperação correspondentes são apresentados na Tabela 4.27. A análise comparativa da estrutura (IOCRF) é apresentada na Tabela 4.28 e na Tabela 4.29.

Tabela 4.27: *Resultados da recuperação de 10 imagens dadas como consulta (base de dados FlickrLogos-32 PLUS)*

S NO	IMAGEM DE CONSULTA	PRECISÃO	RECORDAR	EXACTIDÃO (%)	F-SCORE1	S NO	IMAGEM DE CONSULTA	PRECISÃO	RECORDAR	ACURACIA (%)	F-SCORE1
1		0.979	0.949	94.87	0.963	6		0.987	0.946	96.61	0.966

2		0.987	0.936	95.92	0.96	7		0.969	0.966	94.87	0.967
3		0.976	0.968	94.96	0.971	8		0.989	0.943	94.94	0.965
4		0.978	0.935	95.96	0.956	9		0.992	0.966	95.92	0.978
5		0.979	0.949	94.87	0.963	10		0.976	0.941	94.98	0.958

Tabela 4.28: *Comparação do quadro sugerido (IOCRF) com Su et al. (2011)*

S NO.	METODOLOGIA	BASE DE DADOS	PARÂMETRO	
			PRECISÃO	RECORDAR
1	Su et al.(2011)	7 classes de diferentes categorias com 200 imagens cada (1400 imagens)	0.910	----
2	Quadro utilizando apenas a RF(MLRF)	Base de dados FlickrLogos-27	0.905	0.721
		Base de dados FlickrLogos-32	0.921	0.768
		Base de dados FlickrLogos-32 PLUS	0.935	0.898
3	Quadro sugerido **(IOCRF)**	Base de dados FlickrLogos-27	0.973	0.870
		Base de dados FlickrLogos-32	0.967	0.890
		Base de dados FlickrLogos-32 PLUS	0.981	0.949

A Tabela 4.28 mostra a melhoria dos resultados da recuperação quando a CNN profunda foi utilizada para o agrupamento, bem como integrada com a RF na fase de recuperação. A reciclagem da CNN profunda em imagens relevantes e irrelevantes ajudou a aproximar mais as imagens relevantes da consulta, enquanto as irrelevantes se afastaram da mesma.

Tabela 4.29: *Comparação das abordagens de Iandola et al. (2015) e Bao et al. (2016) com a estrutura sugerida (IOCRF)*

S NO.	METODOLOGIA	BASE DE DADOS	PARÂMETRO	
			PRECISÃO MÉDIA MÉDIA	ACURACIA
1.	Iandola et al.(2015) a)FRCN+AlexNet b)FRCN+VGG16	Base de dados FlickrLogos-32	a) 73.5% b) 74.4%	89,6% (*máximo com a arquitetura GoogLeNet-GP)*
2.	Bao et al. (2016)	Base de dados FlickrLogos-32	84.2%	----
3.	Quadro sugerido **(IOCRF)**	Base de dados FlickrLogos-27	97.3 %	92.2 %
		Base de dados FlickrLogos-32	96.7 %	92.5 %
		Base de dados FlickrLogos-32 PLUS	98.1 %	95.49 %

A integração da abordagem de RF baseada na melhoria da consulta com a Deep CNN para a recuperação de imagens de marcas registadas revelou resultados significativos quando comparada apenas com as abordagens de aprendizagem profunda sugeridas por Iandola et al.(2015) e Bao et al.(2016), como mostra a Tabela 4.29.

4.2.3 Análise da complexidade temporal do quadro (Module2-IOCRF)

A complexidade temporal do algoritmo PSO é O ($2nd+n^2+2nd$), em que n representa o número de partículas e a dimensão do espaço de pesquisa é d. Para o algoritmo SOM, é O (s^2), em que s representa a dimensão da amostra de entrada. O algoritmo RF tem um custo de tempo e de memória linear em relação à dimensão das características totais (Su et al., 2003). Por conseguinte, a sua complexidade temporal é calculada da seguinte forma

$\sum_{a=1}^{m} O(\text{number of total images} * p_a) = O(\text{number of total images}) * P$

Aqui P $=\sum_{a=1}^{m} p_a$ Onde p_a representa a dimensão de uma caraterísticath.

Todas as camadas convolucionais da CNN profunda têm uma complexidade temporal igual a:

$$O\left(\sum_{i=1}^{n} m_{i-1}\ p_i^2 m_i n_i^2\right)$$

Onde i representa o índice da camada convolucional e n descreve a profundidade, ou seja, o número de camadas convolucionais. O número de filtros, bem conhecido como "largura" na camada i^{th} é m_i. Considerando que m_{i-1} representa o número de canais de entrada da camada i^{th}. O tamanho espacial, ou seja, o comprimento do filtro, é p_i. O tamanho espacial do mapa de características de saída é denotado por n_i. Esta complexidade temporal é aplicável em ambos os momentos, ou seja, no teste e na formação, mas num intervalo diferente. O tempo de formação necessário para cada imagem é aproximadamente o triplo (um para a propagação para a frente e dois para a propagação para trás, respetivamente) do tempo necessário para testar cada imagem. A fórmula acima não tem em conta o custo de tempo das camadas de agrupamento e das camadas fc, que adquirem 5-10% de tempo computacional.

A complexidade temporal global do algoritmo sugerido pode ser dada como

T = T1+T2+T3+T4

Onde T1, T2, T3 e T4 são a complexidade temporal do algoritmo PSO, SOM, RF e CNN profunda, respetivamente. Os custos T1 e T2 são incorridos de uma só vez na fase de pré-processamento, enquanto os custos T3 e T4 são incorridos em cada fase de consulta.

CAPÍTULO 5

RESUMO E CONCLUSÕES

Os principais desafios observados na conceção e desenvolvimento de um sistema de recuperação de marcas registadas foram a redução da lacuna semântica, a redução da complexidade do cálculo e, consequentemente, do tempo de execução e a obtenção de uma maior precisão.

Para resolver estas questões, a integração de abordagens de otimização e/ou agrupamento com o mecanismo de Feedback de Relevância não foi observada até à data. E as abordagens recentes propostas por Iandola et al. (2015) e Bao et al. (2016) basearam-se apenas na abordagem CNN profunda, mas a sua integração com a técnica de Feedback de Relevância não foi observada.

Neste trabalho é concebido um sistema CBIR melhorado para imagens de marcas registadas, melhorando o desempenho da abordagem de feedback de relevância através de tecnologias de otimização, agrupamento e aprendizagem.

Foram estudadas várias abordagens CBIR para decidir o método a utilizar para melhorar o desempenho da abordagem de feedback de relevância (RF). Integrámos as técnicas PSO e SOM com RF para otimização e agrupamento, respetivamente, na fase de pré-processamento. Os resultados da recuperação foram melhorados com a incorporação da CNN profunda no feedback de relevância para treino sobre as imagens relevantes e não relevantes.

A aplicação de um mecanismo de RF melhorado para a recuperação de imagens de marcas registadas resolveu em grande medida a questão da redução da lacuna semântica.

A técnica de otimização e de agrupamento utilizada na fase de pré-processamento reduziu o espaço de pesquisa e, por conseguinte, a complexidade de cálculo do quadro e, consequentemente, o tempo de processamento.

A integração da CNN profunda com a abordagem RF resultou numa precisão de 92,2 %, 92,5 % e 95,49 % com as bases de dados de marcas registadas FlickrLogos-27, FlickrLogos-32 e FlickrLogos-32 PLUS.

Bibliografia

Abuhaiba I. S. e Salamah R. A. 2012. *A. Eficiente Global e Região Conteúdo Baseado em Recuperação de Imagem* Jornal Internacional sobre Imagem, Gráficos e Processamento de Sinais DOI: 10.5815/ijigsp.2012.05.05. 5: 38-46.

Aghdam M. H., Nasser G., Mohammad E. B., 2009.*Text feature selection using ant colony optimization.* Expert Systems with Applications 36: 6843-6853.

Alaei A. e Delalandre M. 7-10 de abril de 2014. *Um sistema completo de deteção/reconhecimento de logótipos para imagens de documentos.* Nos Anais do Décimo Primeiro Workshop Internacional do IAPR sobre Sistemas de Análise de Documentos (DAS), Tours, França, ISBN: 978-1-4799-3243-6: 324-328.

Alsmadi M. K. 2017. *Uma medida de similaridade eficiente para recuperação de imagem baseada em conteúdo usando algoritmo memético* .Egyptian Journal of Basic and Applied Sciences. 4: 112-122.

Alwis S. e Austin J. 5-6 de fevereiro de 1998. *Uma nova arquitetura para sistemas de recuperação de imagens de marcas registadas.* Em Proceedings of The Challenge of Image Retrieval: Workshop and Symposium, Newcastle-upon-Tyne, British Computer Society, Reino Unido: 1-16.

Arkin E. M., Chew L.P., Huttenlocher D.P., Kedem K., e Mitchell J.S.B. 1991. *Uma métrica eficientemente computável para comparar formas poligonais.* IEEE Trans. Pattern Analysis and Machine Intelligence. 13(3): 209-226.

Assfalg J., Bimbo A. D. e Pala P. , 30 de julho - 2 de agosto de 2000. Proc. IEEE International Conference on Multimedia and Expo, ICME 2000, New York, NY, USA. ISBN 0-7803-6536-4: 335-338

Auer P., Zakria H., Samuel K., Arto K., Jussi K., Jorma L., Alex P. Leung, Kitsuchart P. e John S. 1-3 de setembro de 2010. *Pinview: Implicit Feedback in Content-Based Image Retrieval"* JMLR: Workshop and Conference Proceedings: Workshop on Applications of Pattern Analysis, Cumberland Lodge, Windsor, UK: 51-57.

Babenko A., Slesarev, Chigorin A. e Lempitsky V. 2014.*Neural codes for image retrieval*, In Computer Vision, ECCV Springer: 584-599.

Bagheri M., Gao Q. e Escalera S.2013. *Reconhecimento de logotipo baseado na fusão Dempster-Shafer de múltiplos classificadores* Em Avanços em Inteligência Artificial Lecture Notes em Ciência da Computação, Springer.7884:1-12.

Bao Y., Haojie L., Xin F., Risheng L. e Qi J. 19-21 de agosto de 2016. *CNN baseada em região para deteção de logotipo.* ICIMCS, Xian, China, ACM. ISBN 978-1-4503-4850-8/16/08 DOI: http://dx.doi.org/10.1145/3007669.3007728.

Beckmann N., Kriegel H.-P., Schneider R, e Seeger B. maio de 1990. *A árvore R*: Um método de acesso robusto e eficiente para pontos e rectângulos.* Proc. ACM SIGMOD Int. Conf. sobre Gestão de Dados, Atlantic City: 322-331.

Benitez B., Mandis B. e Shih-Fu C. 1998. *Utilização de feedback de relevância na metapesquisa de imagens baseada em conteúdo.* Proc. IEEE International Conf. Internet Computing: 59-69.

Bianco S., Buzzelli M., Mazzini D. e Schettini R. 2015. *Reconhecimento de logotipo usando recursos CNN,* Análise e processamento de imagens ICIAP 2015, Springer: 438-448.

Boia R., Alessandra B. e Corneliu F. 29-31 de maio de 2014. *Descrição local utilizando a transformada de classificação completa multi-escala para melhorar o reconhecimento de logótipos.* Na 10.ª Conferência Internacional do IEEE sobre Comunicações, Bucareste, Roménia, ISBN: 978-1-4799-2385-4: 1-4.
Broilo M. e Natale F. G. B. De JUNHO 2010. *A Stochastic Approach to Image Retrieval Using Relevance Feedback and Particle Swarm Optimization.* IEEE Transactions on Multimedia. 12(4): 267-277.

Chahooki M.A.Z. e Charkari N.M. 2012. *Recuperação de formas baseada na aprendizagem de formas por fusão de medidas de dissimilaridade.* IET Journal of Image Processing. 6(4): 327-336.

Chang R., Shu-Yu L., Jan-Ming H., Chi-Wen F. e Yu-Chun W. dezembro de 2012. *Um novo sistema de recuperação de imagens baseado em conteúdo usando K-means / KNN com extração de recursos.* ComSIS DOI: 10.2298/CSIS120122047C. 9(4): 1645-1661.

Chen Y., James Z. W. e Robert K. 07 de novembro de 2003.*Content Based Image Retrieval by Clustering.* MIR'03 Proc. of 5th ACM SIGMM International Workshop on Multimedia Information Retrieval, Berkeley, California: 193-203.

Chowdhury M., Das S. e Kundu M. 2012 *Novo sistema CBIR baseado na transformada de Ripplet usando a técnica interactiva Neuro-Fuzzy.* Cartas Electrónicas sobre Visão por Computador e Análise de Imagem. 11(1):1-13.

Chu W.-T. e Lin T.-C. 25 a 30 de março de 2012. *Reconhecimento e localização de logótipos em imagens do mundo real através da utilização de padrões visuais.* In: Conferência Internacional do IEEE sobre Acústica, Fala e Processamento de Sinais (ICASSP), Quioto, Japão ISBN: 978-1-4673-0046-9:973-976.

Datta R., Joshi D., Li J. e Wang J. Z. 2008. *Recuperação de imagens: Ideias, influências e tendências da nova era.* ACM Computing Surveys. 40(2):1-60.

Donahue J., Jia Y., Vinyals O., Ho_man J., Zhang N., Tzeng E., e Darrell T. 2013. *Descafeinado: Um recurso de ativação convolucional profunda para reconhecimento visual genérico.* arXiv preprint arXiv: 1310.1531

Dorota G. e Shawe-Taylor J. 8-10 de novembro de 2010 *Content-based Image Retrieval with Multinomial Relevance Feedback. JMLR*: Workshop e Actas da Conferência, 2nd Conferência Asiática sobre Aprendizagem Automática (ACML2010), Tóquio, Japão: 111-125.

Eakins J.P., Graham M.E. e Boardman J.M. 8-9 de abril de 1997. *Avaliação de um sistema de recuperação de imagens de marcas registadas*. In Proceedings of the 19th Annual BCS-IRSG Colloquium on IR Research, Aberdeen, Scotland: 1-10.

Eggert C., Winschel A. e Lienhart R. 26 a 30 de outubro de 2015. *Sobre a vantagem dos dados sintéticos para a deteção de logótipos de empresas*. In Proceedings of the 23rd Annual ACM Conference on Multimedia Conference, ACM, Brisbane, Australia ISBN: 978-1-4503-3459-4: 1283-1286.

Eng. Ahmed K. Mikhraq. 2013. *Sistema de Recuperação de Imagens Baseado em Conteúdo (CBIR) Baseado em Clustering e Algoritmo Genético.* Dissertação de Mestrado, Universidade Islâmica - Gaza Palestina.

Erhan D., Szegedy C., Toshev A., e Anguelov D. 24-27 de junho de 2014. *Deteção escalável de objectos utilizando redes neurais profundas.* Em: Conferência Internacional do IEEE sobre Visão Computacional e Reconhecimento de Padrões (CVPR), Columbus, Ohio: 1-8.

Fazal M. e Baharum B. 2013. *Análise de métricas de distância na recuperação de imagens baseadas em conteúdo usando características estatísticas de textura de histograma quantizado no domínio DCT.* Jornal da Universidade Rei Saud - Ciências da Computação e da Informação .25: 207-218.

Flickner M., Sawhney H., Niblack W., Ashley J., Huang Q., Dom B., Gorkani M., Hafner J., Lee D., Petkovic D., Steele D. e Yanker P. Sept. 1995.*Query by image and video content: O sistema QBIC.* IEEE Computer. 28(9): 23-32.

Ghosh S. e Parekh R. abril de 2015. *Sistema de reconhecimento automático de logotipo invariante de rotação e escala usando invariantes de momento e transformada de Hough.* Jornal Internacional de Ciência e Pesquisa (IJSR).4(4): 2851-2857.

Ghosh S. e Parekh R. maio de 2015. *Sistema automatizado de reconhecimento de logótipo a cores baseado em características de forma e cor.* Revista Internacional de Aplicações Informáticas (IJCA*).*118(12):13-20.

Grigorova A., Francesco G. B., Charlie D. e Thomas S. 2007. *Content-Based Image Retrieval by Feature Adaptation and Relevance Feedback.* IEEE Trans. on Multimedia. 9(6): 1183-1192.

Gudivada Venkat N. 2010. *Relevance Feedback in Content Based Image Retrieval* International Journal of Computer Science and Engineering. 3(1): VI- XVIII.

He X., King O., Ma W., Li M. e Zhang H.2003.*Learning a semantic space from user's relevance feedback for image retrieval.* IEEE Trans. Circuits System Video Technology.13 (1):39-48.

Hoi H. e Michael L. 10 a 16 de outubro de 2004. *A novel log-based relevance feedback technique in content-based image retrieval*, In Proc. 12th annual ACM international conference on Multimedia, MULTIMEDIA '04, New York, NY, USA. ISBN: 1-58113-893-8:24-31

Hoi S. C., Wu X., Liu H., Wu Y., Wang H., Xue H. e Wu Q. 2015. *Logo-net; Deteção profunda de logotipo em grande escala e reconhecimento de marca com redes convolucionais baseadas em regiões profundas*. arXiv preprint arXiv: 1511.02462

Hong P., Qi T. e Thomas S.H. 10-13 de setembro de 2000. *Incorporar Máquinas de Vectores de Suporte à Recuperação de Imagem Baseada em Conteúdo com Feedback de Relevância.* Proc. da Conferência Internacional do IEEE sobre Processamento de Imagens (ICIP'2000), Vancouver, Canadá 3:750-753.

Hsu W., Chua T. S., e Pung H. K. 5-9 de novembro de 1995. . *Uma abordagem integrada cor-espaço para a recuperação de imagens baseada em conteúdo.* Actas da Terceira Conferência Internacional ACM sobre Multimédia '95, São Francisco, CA, EUA, ACM Press 1995, ISBN 0-89791-751-0: 305-313.

Huneiti A. e Daoud M. 2015. *Recuperação de imagem baseada em conteúdo usando SOM e DWT.* Jornal de Engenharia de Software e Aplicações. 8: 51-61.

HungWei C., YueLi, Wing-YinChau e Chang-TsunLi. 2009. *Recuperação de imagens de marcas registadas utilizando características sintéticas para descrever a forma global e a estrutura interior.* Elsevier, Pattern Recognition. 42: 386 - 394.

Hussain M. e Eakins J. P.2007 *Agrupamento visual baseado em componentes utilizando o mapa auto-organizado.* Redes Neurais. 20(2):260-273.

Iandola F. N., Shen A., Gao P. e Keutzer K. 2015. *Deeplogo: reconhecimento de logotipo de acerto com o martelo de rede neural profunda.* arXiv preprint arXiv: 1510.02131

Iwanaga T., Hiromitsu H., Takashi T., Pyke T. e Thi Z. 2011. *Uma abordagem de histograma modificado para a recuperação de imagens de marcas registadas.* IJCSNS Revista Internacional de Ciência da Computação e Segurança de Redes. 11(4):56-62.

Jagadish H. V. maio de 1991. *Uma técnica de recuperação de formas semelhantes.* Proc. da Int. Conf. sobre Gestão de Dados, SIGMOID'91, Denver: 208-217.

Jain A. K. 2010. *Agrupamento de dados: 50 anos para além do K-means.* Pattern Recognition Letters. 31: 651-666.

Jarrah K., Krishnan S. e Ling G. 16-21 de julho de 2006. *Recuperação automática de imagens baseadas em conteúdo usando algoritmos de agrupamento hierárquico.* IJCNN '06. Conferência Internacional Conjunta sobre Redes Neuronais ISBN impresso: 0-7803-9490-9 ISSN impresso: 2161-4393 ISSN eletrónico: 2161-4407 Vancouver, BC, Canadá, 10.1109/IJCNN.2006.247361.

Jehad A. 2012.*Content Based Image Retrieval System Based on Self Organizing Map, Fuzzy Color Histogram and Subtractive Fuzzy Clustering* .The International Arab Journal of Information Technology.9(5):452- 458.

Jiang W., Guihua E., Qionghai D. e Jinwei G. 2005. *Anotação oculta para recuperação de imagens com aprendizagem de feedback de relevância a longo prazo.* Pattern Recognition Elsevier Ltd .38: 2007 - 2021.

Kameyama K., Nozomi O. e Kazuo T. 16-21 de julho de 2006. *Seleção óptima de parâmetros em algoritmos de avaliação da semelhança de imagens utilizando a otimização por enxame de partículas.* Conferência Internacional IEEE sobre Computação Evolutiva CEC 2006, parte da WCCI 2006, Vancouver, BC, Canadá ISBN: 0-7803-9487-9: 1079-1086.

Kauppinen H., Seppnäen T., e Pietikäinen M.1995. *Uma comparação experimental de descritores autoregressivos e baseados em Fourier na classificação de formas 2D.* IEEE Trans. Pattern Analysis and Machine Intelligence .17(2): 201-207.

Kherfi M. L. e Ziou D. abril de 2006. *Relevance Feedback for CBIR: A New Approach Based on Probabilistic Feature Weighting With Positive and Negative Examples.* IEEE Trans. on Image Processing. 15(4):1017-1030.

Kim D., Chin-Wan C. e Kobus B.2005.*Relevance feedback using adaptive clustering for image similarity retrieval.* Elsevier Science (USA), the Journal of Systems and Software. 78:9-23.

Kim Y., Kim Y., Kim W. e Kim M. março de 1999 *Desenvolvimento de um sistema de recuperação de marcas comerciais baseado em conteúdos na World Wide Web.* ETRI Journal. 21(1):39-53

Kohonen T.1997. *Mapas auto-organizáveis.* 2nd ed., Springer-Verlag. Nova Iorque.

Krizhevsky A., Sutskever I. e Hinton G. E. 2012. *Classificação de Imagenet com redes neurais convolucionais profundas.* Em Avanços em sistemas de processamento de informações neurais: 1097-1105

Krzanowski W. J.1995. Recent *Advances in Descriptive Multivariate Analysis (Avanços recentes na análise descritiva multivariada).* Capítulo 2, Oxford science publications.

Kwang-Kyu Seo 2007. *Recuperação de imagens com base em conteúdo através da combinação de algoritmo genético e máquina de vetor de suporte.* Conferência

Internacional sobre Redes Neurais Artificiais ICANN 2007: Parte II, LNCS 4669: 537-545.

Kwang-Kyu Seo 2012. *An Ant Colony Optimization Algorithm Based Image Classification Method for Content-Based Image Retrieval in Cloud Computing Environment* Computer Applications for Web, Human Computer Interaction, Signal and Image Processing, and Pattern Recognition Parte da série de livros Communications in Computer and Information Science (CCIS, volume 342) T.-h. Kim et al. (Eds.): SIP/WSE/ICHCI 2012, CCIS 342 © Springer-Verlag Berlin Heidelberg: 110-117.

Laaksonen J., Markus K., Sami L. e Erkki O. 2001. *Self-Organising Maps as a Relevance Feedback Technique in Content-Based Image Retrieval.* Springer-Verlag. 2(3):140-152.

Laaksonen J., Markus K., Sami L. e Erkki O. 2000.*PicSOM - recuperação de imagens baseada em conteúdo com mapas auto-organizáveis.* Pattern Recognition Letters. 21: 1199-1207.

Li C. e Hsu C. abril de 2008. *Image Retrieval with Relevance Feedback Based on Graph-Theoretic Region Correspondence Estimation (Recuperação de imagens com feedback de relevância com base na estimativa de correspondência de regiões com teoria de grafos).* IEEE Trans. Multimedia. 10(2): 447-456.

Li J. e Allinson N. M. 2008. *Aprendizagem a longo prazo na recuperação de imagens com base em conteúdos.* Revista Internacional de Sistemas e Tecnologia de Imagem. 18:160-169.

Lianze M., Lin L., e Mitsuo G. 23-25 de outubro de 2011. *Uma abordagem PSO-SVM para recuperação e agrupamento de imagens.* 41ª Conferência Internacional sobre Computadores e Engenharia Industrial Los Angeles, Califórnia, EUA, ISBN: 978-1-62748-683-5

Long, F., Zhang, H., & Feng, D. D. 2003. *Recuperação e gestão de informação multimédia. Em Technological Fundamentals and Applications. Chapter-1 Fundamentals of Content- Based Image Retrieval,* 1st Edition Springer Berlin Heidelberg: 1-26.

Mourad Oussalah 24-26 de novembro de 2008. *Recuperação de imagens baseada em conteúdo: Revisão do estado da arte e direcções futuras.* Actas do 1º Workshop sobre Teoria, Ferramentas e Aplicações de Processamento de Imagens, Sousse, Tunísia: 1-10.

Nievergelt J., Hinterberger H., e Sevcik K. C. 1984. *The grid file: an adaptable symmetric multikey file structure.* ACM Trans. on Database Systems: 38-71.

Okayama M., Nozomi O., e Keisuke K. 2008. *Relevance Optimization in Image Database Using Feature Space Preference Mapping and Particle Swarm Optimization* ICONIP, Part II, LNCS 49850 Springer-Verlag Berlin Heidelberg: 608-617.

Pass G. e Zabih R. 1996. *Histogram Refinement for Content-Based Image Retrieval (Refinamento do histograma para recuperação de imagens com base no conteúdo).* 0-8186-7620-5/96-1996 **IEEE**: 96-102.

Patil Sanjay e Talbar Sanjay.2012.*Content Based Image Retrieval Using Various Distance Metrics.* Engenharia e Gestão de Dados R. Kannan e F. Andres (Eds.): ICDEM 2010, LNCS 6411: 154-161.

Qinghai B. 2010. *Análise do Algoritmo de Otimização por Enxame de Partículas.* Ciência da Computação e Informação. 3(1): 180-184.

Rahimi M. e Moghaddam M. E.2015.*A Content-Based Image Retrieval System Based on Color Ton Distribution Descriptors.* Processamento de sinais, imagens e vídeos. 9(3): 691-704.

Ramos C.O., André N. S. , Giovani C., Alexandre X. Falcão , João P.2011. *Um novo algoritmo para seleção de características utilizando Harmony Search e sua aplicação para deteção de perdas não técnicas.* Computadores e Engenharia Elétrica. 37: 886-894.

Razavian A. S., Azizpour H., Sullivan J., e Carlsson S. 2014.*Cnn features of-the-shelf: an astounding baseline for recognition.* Em Workshops de Visão Computacional e Reconhecimento de Padrões (CVPRW), pré-impressão arXiv arXiv: 1403.6382.

Revaud J., Douze M. e Schmid C. 29 de outubro - 02 de novembro de 2012. *Recuperação de logótipos baseada em correlação.* In: Actas da 20.ª conferência internacional da ACM sobre multimédia, ACM, (2012), Nara, Japão, ISBN: 978-1-4503-1089-5: 965-968.

Rickman R. e Stonham J. 1996. *Recuperação de imagens baseada em conteúdos utilizando histogramas de tuplas de cores.* SPIE Proceedings. 2670: 2-7.

Robinson J. T. abril de 1981.*The k-d-B-tree: uma estrutura de pesquisa para grandes índices dinâmicos multidimensionais.* Proc. da Conferência SIGMOD Ann Arbor: 10-18.

Romberg S., Pueyo L. G., Lienhart R. e Van Zwol R. 18 a 20 de abril de 2011. Scalable *logo recognition in real-world images.* in Proceedings of the 1st ACM International Conference on Multimedia Retrieval, ACM, (2011), Trento, Itália, ISBN: 978-1-4503-0336-1: 25-32.

Romberg S. e Lienhart R. 16 a 20 de abril de 2013. Bundle *min-hashing para reconhecimento de logótipos.* In: Anais da 3ª conferência da ACM sobre a conferência internacional sobre recuperação de multimédia, ACM, (2013), Dallas, Texas, EUA. ISBN: 978-1-4503-2033-7:113-120

Rui Y., Thomas S., Michael O. e Mehrotra S. Sept 1998. *Relevance Feedback: A Power Tool for Interactive Content-Based Image Retrieval.* IEEE Trans. on Circuits and Systems for Video Technology. 8(5): 644-655.

Rusiñol M., Aldavert D. e Dimosthenis K. 2011. *Recuperação interactiva de imagens de marcas comerciais através da fusão de conteúdos semânticos e visuais.* Em Advances in Information Retrieval, Springer: 1-12.

Sclaroff S. e Pentland A. junho de 1995. *Modal matching for correspondence and recognition (correspondência modal para correspondência e reconhecimento).* IEEE Trans. on Pattern Analysis and Machine Intelligence.17 (6): 545-561.

Shrivastava N. e Tyagi V. 2014.*Content based Image Retrieval based on Relative Locations of Multiple Regions of Interest Using Selective Regions Matching.* Ciências da Informação.259: 212-224.

Simonyan K. e Zisserman A. 2014.*Redes convolucionais muito profundas para o reconhecimento de imagens em grande escala.* arXiv:1409.1556, abs/1409.1556

Smith J. e Chang S. 28 de janeiro - 2 de fevereiro de 1996. *Ferramentas e técnicas para a recuperação de imagens a cores.* SPIE Proceedings, doi: 10.1117/12.234781, Vol. 2670:1630-1639.

Stan D. & Sethi I. K. 11-14 de março de 2001. *Image Retrieval Using a Hierarchy of Clusters* Conferência Internacional sobre Avanços em Reconhecimento de Padrões ICAPR 2001, Rio de Janeiro, Brasil: 379-388.

Steven C. H., Michael R. L. e Rong J. April, 2005. *Integrating User Feedback Log into Relevance Feedback by Coupled SVM for Content-Based Image Retrieval* 1st IEEE EMMA Workshop in conjunction with 21st IEEE ICDE, Japan:1-10.

Stricker M. e Dimai A. 28 de janeiro - 2 de fevereiro de 1996. *Indexação de cores com restrições espaciais fracas.* SPIE Proceedings. doi: 10.1117/12.234802, 2670:29-40.

Su J., Huang W., Philip S. e Vincent S. março de 2011. *Efficient Relevance Feedback for Content-Based Image Retrieval by Mining User Navigation Patterns.* IEEE Trans. On Knowledge and Data Engg.23(3):360-372 .

Su Z., Hongjiang Z., Stan L. e Shaoping Ma. agosto de 2003. *Relevance Feedback in Content-Based ImageRetrieval: Bayesian Framework, Feature Subspaces, and Progressive Learning.* IEEE Trans. on Image processing. 12(8): 924-937.

Suganthan P.N. 2002. *Indexação de formas usando mapas auto-organizáveis.* IEEE Transactions on Neural Networks. 13(4): 835 - 840.

Sun Y. e Bhanu B. 26-29 de setembro de 2010. *Recuperação de imagens com seleção de características e feedback de relevância.* Actas da IEEE 17th Conferência Internacional sobre Processamento de Imagem (ICIP), Hong Kong, China: 3209-3212.

Szegedy C., Wei L., Yangqing J., Pierre S., Scott R., Dragomir A., Dumitru E., Vincent V. e Andrew R. 2014. *Indo mais fundo com convoluções.* arXiv: 1409.4842

Tzelepi M. e Tefas A. 18-20 de maio de 2016. *Feedback de relevância em redes neurais convolucionais profundas para recuperação de imagens com base em conteúdo.* Actas da 9.ª Conferência Helénica sobre Inteligência Artificial, ACM. ISBN 978-1-4503-3734-2/16/05, DOI: http://dx.doi.org/10.1145/2903220.2903240 Thessaloniki, Grécia.

Vailaya A., Figueiredo M. A. G., Jain A. K., e Zhang H. J. Jan. 2001. *Classificação de imagens para indexação baseada em conteúdo.* IEEE Trans. on Image Processing.10(1):117-130.

Vasconcelos N. e Lippman A. 2000. *Learning from user feedback in image retrieval systems* in "Advances in Neural Information Processing Systems 12" S.A. Solla, T.K. Leen and K.-R. M¨uller (eds.), MIT Press.

Vesanto J., Johan H., Esa A. e Juha P. 16-17 de novembro de 1999. *Mapa auto-organizável em Matlab: a caixa de ferramentas SOM.* Nos anais da conferência MATLAB DSP, Espoo, Finlândia: 35-40.

Wan J., Wang D., Hoi S. C. H., Wu P., Zhu J., Zhang Y. e Li J. 03 a 07 de novembro de 2014. *Aprendizagem profunda para recuperação de imagem baseada em conteúdo: Um estudo abrangente.* Nos Anais da Conferência Internacional da ACM sobre Multimédia, Orlando, Florida, EUA, ISBN: 978-1-4503-3063-3: 157-166.

Wei B.e Dacheng T. 2010. *Biased Discriminant Euclidean Embedding for Content-Based Image Retrieval.* IEEE Trans. on Image Processing. 19(2):545-554

Wei C. H., Lib Y., Chaub W. Y e Li C. T. 2009. *Recuperação de imagens de marcas registadas utilizando características sintéticas para descrever a forma global e a estrutura interior.* Reconhecimento de padrões. 42: 386-394.

Xin J. e Jin J.S. 2004.*Relevance Feedback for Content-Based Image Retrieval Using Bayesian Network* Proceedings of the Workshop on Visual Information Processing (VIP '05), Sydney, Austrália, EUA, ISBN:1-920682-18-X: 91-94.

Xu S., Chunquan L., Shunliang J. 2012. *Medidas de similaridade para recuperação de imagens baseadas em conteúdo com base na teoria dos conjuntos fuzzy intuicionistas.* Journal of Computers. 7(7): 1733- 1742.

Xue B., Mengjie Z., Senior e Will N. B. 2012 .*Particle Swarm Optimization for Feature Selection in Classification a Multi-Objective Approach.* IEEE Transactions on Cybernetics: 1-16.

Yang L. e Algregtsen F. 13-16 de novembro de 1994. *Cálculo rápido de momentos geométricos invariantes: Um novo método com resultados correctos.* Proc IEEE international conference on image processing, Austin, Texas, USA, IEEE Computer Society 1994, ISBN 0-8186-6950-0.

Younus Z. S., Dzulkifli M., Tanzila S. ,Mohammed H. A., Amjad R. e Mznah A.A. 2015.*Content-based image retrieval using PSO and k-means clustering algorithm.* Arabian Journal of Geosciences.8(8):6211-6224.

Zeiler M. D. e Fergus R. 6-12 de setembro de 2014. *Visualizando e entendendo redes convolucionais.* Na Conferência Europeia sobre Visão por Computador (ECCV) Zurique, abs/1311.2901.

Zhenhai W. e Kicheon H. 2012. *Uma nova abordagem para a recuperação de imagens de marcas registadas através da combinação de características globais e características locais.* Jornal de Sistemas de Informação Computacional. 8(4): 1633 - 1640.

Zhou X. e Huang T. 2003. *Relevance feedback in image retrieval: A comprehensive review.* Multimedia Systems (Springer-Verlag).8:536-544.

Zhou X. e Huang T. 30 de setembro - 05 de outubro de 2001. *Comparação de transformações discriminantes e SVM para aprendizagem durante a recuperação de multimédia.* In Proceedings of the 9th ACM International Conference on Multimedia. Ottawa, Canadá. ISBN:1-58113-394-4: 137-146.

Printed by Books on Demand GmbH, Norderstedt / Germany